化学工业出版社"十四五"普通高等教育规划教材

Python

语言程序设计

王 杨　常东超　主编

U0212117

化学工业出版社
·北京·

内容简介

《Python 语言程序设计》包括 9 章：程序设计基本方法、Python 语言基本语法元素、基本数据类型、程序的控制结构、Python 标准库概览、函数和代码复用、组合数据类型、文件、Python 第三方库安装及常用库介绍。

各章知识点的讲解将程序案例与实际相结合，生动易懂，具有很好的启发性。本教材内容广泛、全面，从深度和宽度两方面展开知识内容，教材语言精练，内容叙述深入浅出、循序渐进，配有一些实例代码并列有相关辅助说明和运行结果，力求使得内容不会枯燥无味，有利于读者对知识点的理解。

本教材采用案例驱动的编写方式，力求让不同专业的读者能通过对 Python 语言的学习，走进计算机世界，体验创新的乐趣以及应用的价值。

Python 语言是一门通用语言，它灵活好用，适合有程序设计需求的各专业读者。读者可以通过学习，把 Python 语言程序设计方法应用于本专业的研究，解决实际问题。

图书在版编目（CIP）数据

Python 语言程序设计 / 王杨，常东超主编. —北京：
化学工业出版社，2023.12（2025.3重印）

化学工业出版社"十四五"普通高等教育规划教材

ISBN 978-7-122-44304-5

Ⅰ. ①P… Ⅱ. ①王… ②常… Ⅲ. ①软件工具-程序设计-高等学校-教材 Ⅳ. ①TP311.561

中国国家版本馆 CIP 数据核字（2023）第 193206 号

责任编辑：满悦芝　　　　　　　　　　　文字编辑：孙月蓉
责任校对：王鹏飞　　　　　　　　　　　装帧设计：张　辉

出版发行：化学工业出版社（北京市东城区青年湖南街 13 号　邮政编码 100011）
印　　装：三河市航远印刷有限公司
787mm×1092mm　1/16　印张 15¾　字数 488 千字　2025 年 3 月北京第 1 版第 3 次印刷

购书咨询：010-64518888　　　　　　　　售后服务：010-64518899
网　　址：http://www.cip.com.cn
凡购买本书，如有缺损质量问题，本社销售中心负责调换。

定　　价：55.00 元

党的二十大报告指出，教育、科技、人才是全面建设社会主义现代化国家的基础性、战略性支撑。以创新驱动高质量发展，必须靠科技进步，而科技进步必须靠人才，人才培养必须依靠高质量的教育。计算机应用能力和信息素养是当代人才培养的重要内涵，新时代人才对计算机应用能力和信息处理能力的要求更高，因此大学计算机基础课程显得尤为重要，而程序设计语言是大学计算机基础课程的重要组成部分。随着计算思维以及大数据概念的普及，掌握一门终身受用的程序设计语言，并且能利用程序设计语言解决实际问题是学习者的目标。

Python 语言有三个重要特点——语法简洁、生态丰富、多语言集成，被称为"超级语言"。Python 语言在各领域的应用表现出众，在教育机构、科研单位和企业界中备受关注；Python 语言适合在不同层次、不同专业的大学生计算机基础课程中开设，目前 Python 语言程序设计课程在高校中的教学已经展开。

现在 Python 语言方面的书籍种类繁多，各有千秋。本书由多位有一线计算机教学经验的资深教师共同编写，编写本书的目的是让初学者尽快入门，尽快掌握程序设计本领，尽快提高计算机应用能力和信息化核心技能。本书分为 9 章，主要内容有：①程序设计基本方法，主要介绍 Python 语言的基本概念、发展历程、特点，以及 Python 语言开发工具的安装和使用；②Python 语言基本语法元素，主要介绍程序的格式框架、语法元素以及基本的输入输出函数；③基本数据类型，主要介绍数字类型和字符串的概念和操作；④程序的控制结构，主要介绍程序的三种控制结构、程序的嵌套以及异常处理；⑤Python 标准库概览，主要介绍 turtle 库、random 库、math 库和 time 库；⑥函数和代码复用，主要介绍函数的基本使用、参数传递、变量的作用域、lambda 函数和递归函数；⑦组合数据类型，主要介绍列表、元组、字典以及集合的概念和操作；⑧文件，主要介绍文件的相关概念、文件的使用、文件的读写操作和 CSV 文件格式读写数据；⑨Python 第三方库安装及常用库介绍，主要介绍第三方库的安装方法，以及 pyinstaller 库、jieba 库、WordCloud 库、数据分析与图表绘制和网络爬虫等方面的一些常用库。

本书基于 Python 3.x 编写，紧紧围绕"全国计算机等级考试二级　Python 语言程序设计考试大纲",注重理论与实践相结合,知识点配有相关实例代码并有辅助说明性信息和运行结果,每章都配有相关习题以帮助读者理解教学内容。

全书由辽宁石油化工大学王杨、常东超主编,参加编写和书稿校对工作的还有辽宁石油化工大学的杨妮妮、张国玉、卢紫微、徐晓军等。本书的编写得到了中国石油天然气股份有限公司抚顺石化分公司信息管理部正高级工程师赵勇和中石化石油化工科学研究院信息中心高级工程师崔鹏两位专家的热心指导和倾心帮助,在此表示诚挚的感谢!同时感谢辽宁石油化工大学和辽宁省其他高校的同仁提出宝贵建议!

限于作者水平有限,书中难免有不足之处,敬请读者批评指正,以利作者改进。

编者

2023 年 11 月

目录

第 3 章 基本数据类型   029

第 4 章 程序的控制结构   061

第 5 章　Python 标准库概览　　090

第1章
程序设计基本方法

◄◄◄

 学习目标

- 了解程序设计语言的发展过程。
- 理解 Python 语言的特点。
- 了解 Python 版本更迭过程和新旧版本的主要区别。
- 掌握 Python 语言开发和运行环境的配置方法。
- 理解编写程序的 IPO（输入-处理-输出）方法。

1.1 程序设计语言

1.1.1 程序设计语言概述

程序设计语言是使计算机能够理解和识别用户操作意图的一种交互体系，它按照特定规则组织计算机指令，使计算机能够自动进行各种运算处理。按照程序设计语言规则组织起来的一组计算机指令称为计算机程序。

程序设计语言经历了机器语言、汇编语言和高级语言 3 个发展阶段。由于机器语言和汇编语言都是直接操作计算机硬件的程序设计语言，所以它们统称为低级语言。这两类语言与具体计算机结构相关，只有在计算机工程师编写操作系统与硬件交互的底层程序等情况下使用。

相比于低级语言，高级语言是更接近自然语言的一类程序设计语言。例如，执行数字 2 和 3 加法运算，高级语言代码为 result=2+3，这个代码与计算机结构无关，同一种程序设计语言在不同计算机上的表达方式是一致的。那么为什么不能用自然语言，例如中文，直接进行程序设计呢？这是因为自然语言不够精确，存在计算机无法理解的二义性。例如，"我看见一个人在公园，带着望远镜。"这句话，基于常识和经验，交谈双方大多数情况下能够理解彼此表达的意思，但深究一下，究竟是"我"带着望远镜，还是"一个人"带着望远镜呢？这种模糊性也经常造成错误理解和歧义。相比于自然语言，程序设计语言在语法上十分精密，在语义上定义准确，在规则上十分严格，进而保证了语法含义的唯一性。

第一个广泛应用的高级语言是诞生于 1972 年的 C 语言。随后先后诞生了 600 多种程序设计语言，但至今仍然广泛使用的不超过 20 种，很多程序设计语言由于应用领域狭窄而退出了历史舞台。

计算机高级语言分为通用程序设计语言和专用程序设计语言。一般来说，通用程序设计语言比专用于某些领域的程序设计语言生命力更强。HTML（超文本标记语言）就是专用程序设计语言，而 Python 语言是一种通用程序设计语言，可以用于编写各种类型的应用。

1.1.2　编译和解释

高级语言按照计算机执行方式的不同可分成两类：静态语言和脚本语言。计算机执行方式是指计算机执行程序的过程。静态语言采用编译方式执行，脚本语言采用解释方式执行。例如，C 语言、Java 语言是静态语言；Python 语言、PHP（页面超文本预处理器）语言、JavaScript语言是脚本语言。无论采用哪种执行方式，用户使用的方法都可以是一致的，例如，通过鼠标双击执行一个程序。

编译是将源代码转换成目标代码的过程。通常，源代码是高级语言代码，目标代码是机器语言代码，执行编译的计算机程序称为编译器（compiler）。图 1-1 展示了程序的编译和执行过程，其中，虚线表示目标代码被计算机运行。编译器将源代码转换成目标代码，计算机可以立即或稍后运行这个目标代码。运行目标代码时，程序获得输入并产生输出。

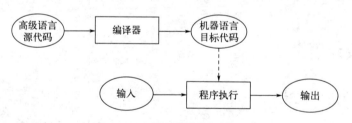

图 1-1　程序的编译和执行过程

解释是将源代码逐条转换成目标代码同时逐条运行目标代码的过程。执行解释的计算机程序称为解释器（interpreter）。图 1-2 展示了程序的解释和执行过程，其中，高级语言源代码与数据一同输入给解释器，然后输出运行结果。

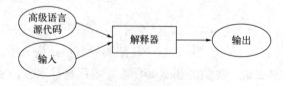

图 1-2　程序的解释和执行过程

编译和解释的区别在于编译是把所有源代码语句全部输入后一次性地翻译成目标代码。一旦程序被成功编译，不再需要源代码或者编译器。解释是在每次程序运行时都需要源代码和解释器，两者缺一不可。简单来说，解释是逐条运行用户编写的代码，能够将用户思路彻底呈现，结果清晰可见，同时针对出现的错误能够快速定位、快速纠错。但是它没有纵览全部代码的性能优化过程，因此执行性能略低。另外，解释支持跨硬件或跨操作系统平台，保留源代码，有利于系统的升级与维护。

Python 语言是一种被广泛使用的高级通用脚本程序设计语言，采用解释方式执行，但是它的解释器也保留了编译器的部分功能，随着程序运行，解释器也会生成一个完整的目标代码。这种将解释器和编译器结合的新解释器是现代脚本语言提升计算性能的一种有益演进。

1.1.3　计算机编程

Python 作为程序设计语言在短短的几年时间内得到了非常广泛的应用，几乎所有机器学习、人工智能、大数据分析等知识框架都是基于 Python 语言编写的。那么为什么要学习计算机编程呢？

学习计算机编程最重要的意义之一是能够训练计算思维。

编程体现了一种抽象交互关系、形式化执行的思维模式，称为"计算思维"。计算思维是区别于以数学为代表的逻辑思维和以物理为代表的实证思维的第三种思维模式。编程是一个求解问题的过程，首先需要分析问题、抽象内容之间的交互关系、设计利用计算机求解问题的确定性方法，进而通过编写和调试代码解决问题，这是从抽象问题到解决问题的完整过程。由于计算机在人类生活领域的广泛渗透，人类很多时候需要通过计算机解决问题，因此计算思维的训练必不可少。

1.2　Python 语言概述

1.2.1　Python 语言的发展

Python 语言由 Guido van Rossum 设计并领导开发，最早的可用版本诞生于 1991 年。回顾历史，1989 年 12 月，Guido 在圣诞节假期考虑启动一个开发项目，决定为当时正在构思的一个新的脚本语言写一个解释器，因此诞生了 Python 语言。该语言以"Python"命名源于 Guido 当时对一部英剧——《巨蟒剧团之飞翔的马戏团》（*Monty Python's Flying Circus*）的极大兴趣。今天，大蟒蛇常被用于该语言的标识形象或代名词，大蟒蛇灵动的形象也加速了 Python 语言的被认知与普及。也许 Python 语言的诞生是个偶然事件，但经过 30 多年的发展和应用，Python 语言已经成为当代计算机技术发展的重要标志之一。

Python 语言解释器的全部代码都是开源的，可以在 Python 语言的主网站自由下载。

2000 年 10 月，Python 2.0 正式发布，标志着 Python 语言开启了广泛应用的新时代。2010 年，Python 2.x 系列发布了最后一个版本，其主版本号为 2.7，用于终结 2.x 系列版本的开发，并且不再进行重大改进。

2008 年 12 月，Python 3.0 正式发布，这个版本在语法层面和解释器内部做了很多重大改进，解释器内部采用完全面向对象的方式实现。这些重要修改所付出的代价是 3.x 系列版本代码无法向下兼容 2.x 系列的既有语法，因此，所有基于 Python 2.x 系列版本编写的代码都必须要经过修改后才能被 3.x 系列版本解释器运行。

Python 语言经历了一个痛苦但令人期待的版本更迭过程，从 2008 年开始，用 Python 编写的几万个标准库和第三方库开始了版本升级过程，这个过程前后历时 8 年。2016 年，所有 Python 重要的标准库和第三方库都已经在 Python 3.x 版本下进行了演进和发展。Python 语言版本升级过程宣告结束。

Python 语言有 2.x 和 3.x 版本，但是 Python 2.x 已经是过去，Python 3.x 是这个语言的现在。

1.2.2　Python 语言的特点

Python 语言之所以能够受到众多用户的喜爱，与它自身的特点密不可分。

① 语法简洁。实现相同程序功能，Python 语言的代码行数仅相当于其他语言的 1/10~1/5。更少的代码行数、更简洁的表达方式可减少程序错误以及缩短开发周期。

② 与平台无关。Python 程序可以在任何安装了 Python 解释器的计算机环境中运行，因此，用该语言编写的程序可以不经修改地实现跨操作系统运行。

③ 强制可读。Python 语言通过强制缩进（类似文章段落的首行空格）来体现语句间的逻辑关系，显著提高了程序的可读性，进而增强了 Python 程序的可维护性。

④ 支持中文。Python 3.x 版本采用了 Unicode 编码表达所有字符信息。Unicode 是一种国际通用的字符编码体系，这使得 Python 程序可以直接支持英文、中文、法文、德文等多种类自然语言字符，因此，Python 程序在处理中文时灵活且高效。

⑤ 开源理念。对于高级程序员，Python 语言开源的解释器和函数库具有强大的吸引力。更重要的，Python 语言倡导的开源软件理念为该语言发展奠定了坚实的群众基础。

⑥ 类库丰富。Python 解释器提供了几百个内置类和函数库，此外，世界各地程序员通过开源社区贡献了十几万个第三方函数库，几乎覆盖了计算机技术的各个领域。编写 Python 程序可以大量利用已有的内置或第三方代码，具备良好的编程生态。

⑦ 通用灵活。Python 语言是一个通用编程语言，可用于编写几乎各领域的应用程序，这为该语言提供了广阔的应用空间。几乎各类应用，从科学计算、数据处理到人工智能、机器人，Python 语言都能够发挥重要作用。

⑧ 模式多样。Python 程序同时支持面向过程和面向对象两种编程方式，也可以简单地通过语句方式执行，编程模式十分灵活。

⑨ 黏性扩展。Python 语言具有优异的扩展性，体现在它可以集成 C、C++、Java 等语言编写的代码，通过接口和函数库等方式将它们"黏起来"（整合在一起）。此外，Python 语言本身提供了良好的语法和执行扩展接口，能够整合各类程序代码。

1.2.3　Python 最小程序

学习程序设计语言有一个惯例，即编写一个最小程序：在屏幕上打印输出"Hello World"。这个程序虽小，却是初学者了解程序设计语言的第一步。使用 Python 语言编写的最小程序只有一行代码，该代码在 Python 运行环境中的执行效果如下：

```
>>>print("Hello World!")
Hello World!
```

上述代码中，print()是输出函数，表示将括号中引号内的信息输出到屏幕上。其中，第一行的"＞＞＞"是 Python 语言运行环境的命令提示符，表示可以在此符号后输入 Python 语句，第二行是 Python 语句的执行结果。

Python 语言支持中文等非西文字符的直接使用，带中文的 Python 最小程序在运行环境中的执行效果如下：

```
>>>print("你好,中国!")
你好,中国!
```

上述语句中，"Hello World!"和"你好,中国!"是两个字符串，其两侧的引号是 Python 语法的一部分，要求采用西文的半角引号，不能使用中文的全角引号，引号本身不在屏幕上输出。

1.3 Python 语言开发环境配置

1.3.1 Python 开发环境安装

运行 Python 程序的关键是安装 Python 解释器。Python 解释器安装程序是一个轻量级的软件，文件大小约为 25~30MB。

Python 主网站下载页面如图 1-3 所示。随着 Python 语言的发展，其解释器会有不断更新的版本，单击图 1-3 中矩形方框内的按钮，用户可以根据所使用的操作系统，选择相应的版本下载安装。

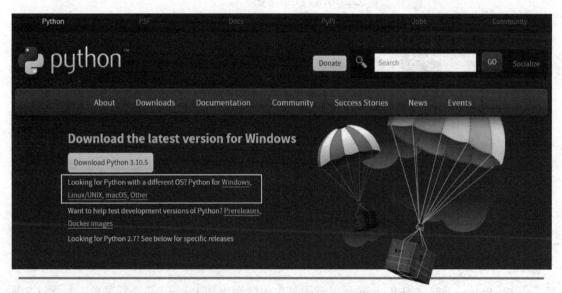

图1-3　Python 主网站下载页面

下面以 Windows 操作系统，Python 3.8.7 版本为例，简要介绍 Python 开发环境的安装过程，操作步骤如下。

① 双击安装程序"python-3.8.7.exe"，进入如图 1-4 所示的界面。

图1-4　安装程序引导过程的启动页面

② 在图1-4中勾选"Add Python 3.8 to PATH"选项，然后单击"Customize installation"自定义安装按钮，出现如图1-5所示的界面。

③ 在图1-5中单击"Next"按钮，出现如图1-6所示的界面。

④ 在图1-6中选择Python的安装路径，然后单击"Install"按钮，等待安装。安装成功后将显示如图1-7所示的界面。

⑤ 单击图1-7中的"Close"按钮，结束安装。

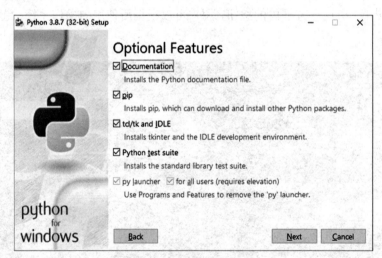

图1-5　选择安装可选项

1.3.2　Python程序的运行方式

在Windows下安装完Python后，开始菜单中就会出现Python命令行菜单，如图1-8所示。选择"IDLE（Python 3.8 32-bit）"，就可以打开集成开发环境（integrated development environment，IDLE）进行相关操作，IDLE是Python创始人创建的一个系统自带的集成开发环境，它界面友好，操作简单，方便用户操作使用。运行Python程序有两种方式：交互式和文件式。

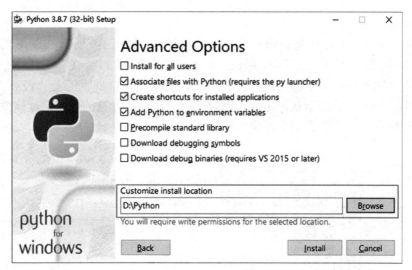

图 1-6　选择安装路径

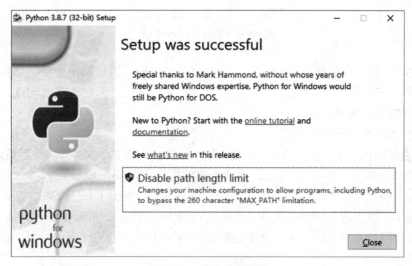

图 1-7　安装成功提示

图 1-8　Python 命令行菜单

（1）交互式运行方式

启动 IDLE 所显示的环境是 Python 交互式运行环境，如图 1-9 所示。IDLE 的第一行标明了系统的版本号。第二行是系统菜单，用以完成各种编辑调用功能。在"＞＞＞"命令提示符后，用户需要在英文输入法状态下输入代码，按 Enter 键（回车键）即可运行，没有"＞＞＞"的行表示运行结果。如果系统提示代码出错，用户不能对已经执行过的代码进行修改，只能重新输入正确的代码再运行，直到得出正确结果为止。

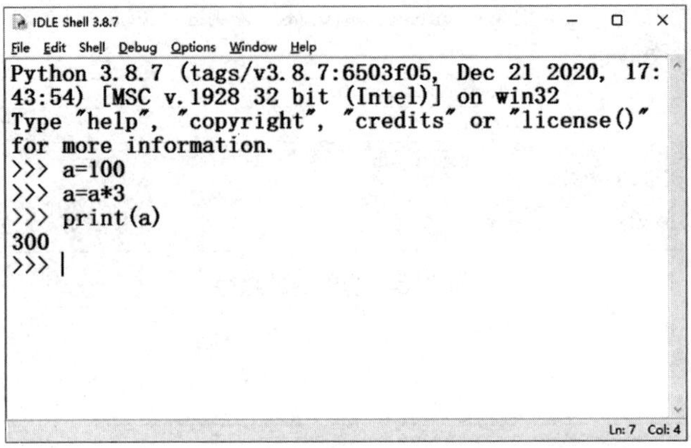

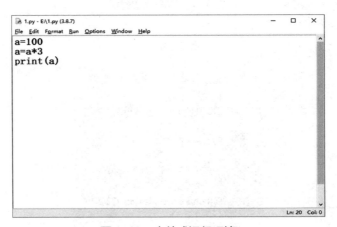

图 1-9　交互式运行环境

交互式指 Python 解释器即时响应用户输入的每条代码，给出输出结果。交互式一般用于调试少量代码，在交互模式下输入 Python 代码虽然非常方便，但是这些语句没有被保存，无法重复执行或留作将来使用。

（2）文件式运行方式

文件式也称为批量式，指用户将 Python 程序写在一个或多个文件中，然后启动 Python 解释器批量执行文件中的代码。文件式是最常用的编程方式，操作步骤如下。

① 创建文件。打开 IDLE，在菜单中选择"File"→"New File"选项或按快捷键 Ctrl+N打开一个新窗口，然而这个新窗口不是交互模式，它是一个具备 Python 语法高亮辅助的编辑器。

② 编辑代码。用户需要在编辑器中逐行输入解决相关问题的代码，例如，输入如图 1-10所示的代码。

图 1-10　文件式运行环境

③ 保存文件。在图 1-10 菜单中选择"File"→"Save（Save As）"，将上述代码保存为扩展名为.py 的文件。主文件名自行定义，并保存在适合的路径下。

④ 运行程序。在图 1-10 菜单中选择"Run"→"Run Module"选项或按快捷键 F5 运行该文件。如果代码正确，系统回到 IDLE 编辑器显示结果，如图 1-11 所示；否则图 1-11 中会给出错误信息产生的原因，用户需要重新回到如图 1-10 所示的界面进行修改再运行，直到生成正确的结果。

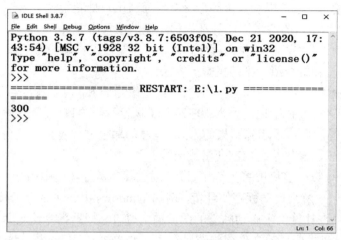

图 1-11　文件式运行结果

没有安装 Python 解释器的操作系统无法直接运行 Python 程序，需要将 Python 源文件（即.py 文件）打包变成能直接运行的可执行文件。本书将在 9.2 节具体介绍利用 pyinstaller 第三方库打包源文件的方法。

1.4　程序的基本编写方法

1.4.1　IPO 程序编写方法

每个计算机程序都用来解决特定计算问题，较大规模的程序提供丰富的功能，解决完整的计算问题，例如控制航天飞机运行的程序、操作系统等；小型程序或程序片段可以为其他程序提供特定计算支持，作为解决更大计算问题的组成部分。无论程序规模如何，每个程序都有统一的运算模式：输入数据、处理数据和输出数据。这种朴素的运算模式形成了程序的基本编写方法：IPO 方法。

输入（input）是一个程序的开始。程序要处理的数据有多种来源，因此形成了多种输入方式，包括文件输入、网络输入、控制台输入、交互界面输入、随机数据输入、内部参数输入等。

① 文件输入：将文件作为程序输入来源。在获得文件控制权后，需要根据文件格式解析内部具体数据。例如，统计 Excel 文件数据的数量，需要首先获得 Excel 文件的控制权，打开文件后根据 Excel 数据存储方式获得所需处理的数据，进而开展计算。第 8 章将具体介绍文件的使用。

② 网络输入：将互联网上的数据作为输入来源。使用网络数据需要明确网络协议和特定的网络接口。例如，捕获并处理互联网上的数据，需要使用 HTTP（hypertext transfer protocol，超文本传输协议）并解析 HTML 格式。

③ 控制台输入：将程序使用者输入的信息作为输入来源。当程序与用户间存在交互时，程序需要有明确的用户提示，辅助用户正确输入数据。从程序语法来说，这种提示不是必需的，但良好的提示设计有助于提高用户体验。

④ 交互界面输入：通过提供一个图形交互界面从用户处获得输入来源。此时，鼠标移动或单/双击操作、文本框内的键盘操作等都为程序提供输入的方式。

⑤ 随机数据输入：将随机数作为程序输入，这需要使用特定的随机数生成器程序或调用相关函数。第 5 章将详细介绍产生随机数的方法。

⑥ 内部参数输入：以程序内部定义的初始化变量为输入，尽管程序看似没有从外部获得输入，但程序执行之前的初始化过程为程序赋予了执行所需的数据。

输出（output）是程序展示运算结果的方式。程序的输出方式包括控制台输出、图形输出、文件输出、网络输出、操作系统内部变量输出等。

① 控制台输出：以计算机屏幕为输出目标，通过程序运行环境中的命令行打印输出结果。这里"控制台"可以理解为启动程序的环境，例如 Windows 中的命令行工具、IDLE 工具等。

② 图形输出：在计算机中启动独立的图形输出窗口，根据指令绘制运算结果。

③ 文件输出：以生成新的文件或修改已有文件方式输出运行结果，这是程序常用的输出方式。

④ 网络输出：以访问网络接口方式输出数据。

⑤ 操作系统内部变量输出：指程序将运行结果输出到系统内部变量中，这类变量包括管道、线程、信号量等。

处理（process）是程序对输入数据进行计算产生输出结果的过程。计算问题的处理方法统称为"算法"，它是程序最重要的组成部分。可以说，算法是一个程序的灵魂。

以圆面积的计算为例，其 IPO 描述如下。

输入：圆半径 r。

处理：pi=3.1415926，

　　　计算圆面积 area=pi*r*r。

输出：圆面积 area。

IPO 描述能够帮助初学程序设计的读者理解程序设计的开始过程，即了解程序的运算模式，进而建立程序设计的基本概念。

1.4.2　理解问题的计算部分

编写程序的目的是使用计算机解决问题。一般来说，"使用计算机解决问题"可以分为以下步骤。

① 分析问题。计算机程序只能解决计算问题，不能解决诸如人类生命的意义这样的非计算问题。因此，分析并理解问题的计算部分十分重要，这是利用计算机解决问题的前提。对于同一个计算问题，从不同角度理解会产生不一样的程序。

例如，对于一本数学书上的练习题，读者可能会思考这样的问题：如何由计算机辅助求解练习题答案？可以从多个角度对这个问题进行分析。

第一，对于这些练习题中的数学计算，可以编写程序辅助完成，但利用哪些计算公式则由读者自己选择或设计。此时，该问题的计算部分表现为对某些数学公式的计算。

第二，可以利用互联网搜索练习题答案。为了降低网络答案错误的风险，可以通过计算机程序辅助获得多份答案并自动选择结果一致数量最多的答案作为正确答案。此时，该问题的计算部分表现为在网络上自动搜索多份结果并输出最可能的正确结果的过程。

第三，计算机是否可以直接理解练习题并给出答案呢？如果从这个角度出发，该问题的计算部分就表现为计算机对练习题的理解和人工智能求解。直到今天，具有高度智能的计算机仍然是全球科学家共同研究的目标。

这个例子说明，对问题计算部分的不同理解将产生不同的求解方法，也将产生不同功能和复杂度的程序。如何更好地理解一个问题的计算部分，如何有效地利用计算机解决问题，这不只是编写程序的问题，更重要的是思维问题，即计算思维。

② 划分边界。在分析问题计算部分的基础上，需要精确定义或描述问题的功能边界，即明确问题的输入、输出和对处理的要求。这个步骤只关心功能需求，无须关心功能的具体实现方法。

③ 设计算法。在明确处理功能的基础上，如何实现程序功能呢？这需要设计问题的求解算法。简单的程序功能中输入和输出间关系比较直观，程序结构比较简单，直接选择或设计算法即可。对于复杂的程序功能，需要将大功能划分成小功能，然后将小功能看成一个新的计算问题来进行逐级设计和实现。

④ 编写程序。选择一门程序设计语言，将程序结构和算法设计用该语言来实现。原则上，任何通用程序设计语言都可以用来解决计算问题，在正确性上没有区别。然而，不同程序设计语言在程序的运行性能、可读性、可维护性、开发周期和调试等方面都有很大不同。

⑤ 调试程序。一般来说，程序错误（通常称为 bug）与程序规模成正比。即使经验丰富的程序员编写的程序也会存在 bug，不同只在于 bug 数量的多少和难易程度。为此，找到并排除程序错误十分必要，这个过程称为调试（通常称为 debug）。

⑥ 升级维护。任何一个程序都有它的历史使命，在这个使命结束之前，随着功能需求、计算需求和应用需求的不断变化，程序需要不断地升级维护，以适应这些变化。

综上所述，在解决计算问题过程中，编写程序只是一个环节。在此之前，分析问题、划分边界和设计算法都是重要步骤，经过这些步骤，一个计算问题已经能够在设计方案中被解决，这个过程可以看作是计算思维的创造过程。编写程序和调试程序是对解决方案的计算机实现，属于技术实现过程。

 习题

一、选择题

二、填空题

1. Python 程序文件的扩展名主要有_____和.pyw 两种。

2. Python 语言的运行方式有_____式和_____式两种。

3. 高级语言根据执行机制的不同分为_____语言和脚本语言。脚本语言采用_____方式执行程序。

4. Java 是静态语言，Python 语言是_____语言。

5. Python 语言内置集成开发工具是_____。

第❷章
Python语言基本语法元素

◀◀◀

 学习目标

- 掌握程序的基本语法元素。
- 掌握基本输入、输出函数：input()、eval()、print()。
- 了解源程序的书写风格。

2.1 程序的格式框架

程序的格式框架是指程序中代码语句的段落格式。Python 语言程序代码的格式规范规定了程序代码的缩进、注释、换行等内容的表达方法或规则，规范的格式有助于提高代码的可读性和可维护性。

2.1.1 缩进

Python 语言采用严格的缩进来表明程序的格式框架。缩进指每一行代码开始前的空白区域。Python 可以使用空格或制表符（Tab 键）标记缩进，缩进量（字符个数）不限。通常情况下，使用空格时，采用 4 个空格作为一个缩进量，使用 Tab 键时，采用一个 Tab 键作为一个缩进量。在 IDLE 开发环境中，一般以 4 个空格作为一个缩进量，也可以在 IDLE 菜单中修改基本缩进量：选择菜单"Options"中的"Configure IDLE"菜单项，在打开的"Settings"对话框（如图 2-1 所示）的"Fonts/Tabs"选项卡中修改基本缩进量（框选处），拖动滑块调整基本缩进量为指定数字的空格。

Python 语言程序的缩进规则：

① 程序中的代码，首行需要顶格，即无缩进。

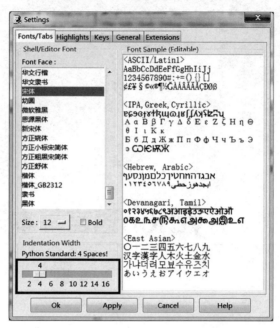

图 2-1　修改 IDLE 菜单中的基本缩进量

　　② 使用":"标记一个新的代码层，增加缩进表示进入下一个代码层，减少缩进表示返回上一个代码层。例如，当表达分支控制、循环控制、函数定义、with 控制等逻辑结构时，在 if、while、for、def、with 等保留字所在行，使用英文冒号（:）结尾，并在下一行缩进后开始书写代码，表明后续具有相同缩进量的代码从属于其上 if、while、for、def、with 等逻辑结构的代码块。

　　③ 同一级别的代码层的缩进量必须相同。

　　例如，下面的代码中的缩进为正确的缩进。

```
1   address={}
2   while True:
3       num=int(input('请输入需要的菜单功能数字: '))
4       if num==1:
5           name=input('请输入联系人姓名: ')
6           tel=input('请输入联系人电话: ')
7           if address.setdefault(name,tel)==name:
8               print('----------->已存在此联系人! 请重新输入联系人姓名! ')
9           else:
10              print('----------->已添加新联系人到通讯录! ')
```

　　说明：上述代码中第 1 行是首行，必须顶格开始书写代码，第 1、2 行的缩进量相同，处于相同级别的逻辑层；第 3、4 行的缩进量相同，处于相同的逻辑层，并且第 3、4 行是第 2 行while 结构包含的代码块；第 5、6、7、9 行的缩进量相同，处于相同的逻辑层，是第 4 行 if结构包含的代码块。第 8 行是第 7 行开始的 if-else 结构中 if 的代码块，第 10 行是结构中 else的代码块。

　　Python 中对语句之间的层次关系没有限制，可以嵌套使用多层缩进。例如，上例中，while语句中的代码块包含了一层缩进，代码块中的 if 语句又包含了一层缩进，整个代码共有 3 层缩进。当 Python 语言程序的缩进不符合规则时，程序将抛出 SyntaxError（语法错误）系统异常，程序无法运行。

例如，如图 2-2 所示的代码不符合"同一级别的代码层的缩进量必须相同"，程序出错。

图 2-2　同一级别的代码层的缩进量不同发生错误

说明：上述代码在第 3、4 行部分没有其他"："标记的新代码层，因此它们应该均属于第 2 行"if"的代码块，级别相同缩进量应该相同。本例中，同一级别的代码缩进量不同，发生了 SyntaxError 系统异常，提示"unindent does not match any outer indentation level"，表明缩进级别不匹配。

2.1.2　注释

Python 语言的注释是程序代码中的说明性的文字，程序运行时会被解释器忽略，从而不被计算机执行。注释，一般用于程序员对代码的解释和说明，适当使用注释，可以方便自己和他人理解程序各部分的功能。

在 Python 语言中，通常包括单行注释与多行注释两种形式的注释。

（1）单行注释

单行注释是以"#"开始，到该行末尾结束。

单行注释语法格式：

#注释内容

例如：

```
num=int(input('请输入需要的菜单功能数字: '))#输入一个功能菜单对应的数字
```

（2）多行注释

多行注释以 3 个引号作为开始和结束符号，其中 3 个引号可以是 3 个单引号或 3 个双引号，一对三引号之间的内容均为注释。

多行注释的语法格式一：

'''

注释内容 1

注释内容 2

……

'''

多行注释的语法格式二：

"""
注释内容 1
注释内容 2
……
"""

例如：

```
'''
Python 语言程序的缩进规则：
1．程序中的代码，首行需要顶格，即无缩进。
2．使用":"标记一个新的代码层。
3．同一级别的代码层的缩进量必须相同。
'''
```

或者

```
"""
Python 语言程序的缩进规则：
1．程序中的代码，首行需要顶格，即无缩进。
2．使用":"标记一个新的代码层。
3．同一级别的代码层的缩进量必须相同。
"""
```

2.1.3 续行符

Python 语言程序是逐行编写的，每行代码长度没有限制，但若一行语句写太长不利于阅读，一般建议每行不超过 80 个字符。对于一行较长代码，Python 支持使用续行符"\"，将较长的一行代码分割为多行来编写。应该注意，在续行符号"\"之后不能有任何其他符号，包括空格和注释。

例如：

```
1  print('\n 通讯录系统\n\
2  1.添加联系人  2.删除联系人  \
3  3.查找联系人  4.退出\n')
```

说明：上面第 1~2 行后面使用"\"做结尾，表示接续下一行，因此表达了一个字符串'\n通讯录系统\n1.添加联系人 2.删除联系人 3.查找联系人 4.退出\n'。上述代码等价于下面的一行语句：

```
print('\n 通讯录系统\n1.添加联系人  2.删除联系人  3.查找联系人  4.退出\n')
```

运行结果如下：

```
1  >>>print('\n 通讯录系统\n1.添加联系人  2.删除联系人  3.查找联系人  4.退出\n')
2
3  通讯录系统
4  1.添加联系人  2.删除联系人  3.查找联系人  4.退出
5
6  >>>
```

另外，在 Python 中还可以使用小括号"()"将多行内容连接起来。并且，在[]、{}中分行时，可以不使用续行符"\"直接换行。

例如，下面的代码没有使用"\"续行符，但把一行代码内容用多行形式编写。

```
1  print('\n通讯录系统\n'
2  '1.添加联系人  2.删除联系人'
3  '3.查找联系人  4.退出\n')
4  print(['red','orange','yellow',
5        'green','blue','indigo','purple'])
```

说明：上面的代码第 1~3 行使用"()"将多行内容连接起来，这里连接了 3 个字符串'\n通讯录系统\n'、'1.添加联系人 2.删除联系人 '和'3.查找联系人 4.退出\n'来表达一个字符串'\n通讯录系统\n1.添加联系人 2.删除联系人 3.查找联系人 4.退出\n'，即实现将一个字符串使用 3 行表达；第 4、5 行是在[]中间换行，表达一个列表 ['red','orange','yellow','green','blue','indigo','purple'] 的内容。上面的代码内容等价于如下两行内容：

```
1  print('\n通讯录系统\n1.添加联系人  2.删除联系人  3.查找联系人  4.退出\n')
2  print(['red','orange','yellow','green','blue','indigo','purple'])
```

运行结果如下所示：

```
============ RESTART: C:/Users/Administrator/Desktop/x.py ============


通讯录系统
1.添加联系人  2.删除联系人  3.查找联系人  4.退出


['red', 'orange', 'yellow', 'green', 'blue', 'indigo', 'purple']
>>>
```

2.2 语法元素的名称

2.2.1 保留字

Python 语言的保留字即关键字，是被 Python 语言赋予特定意义的一些单词，编写程序时，这些保留字不能用作用户定义的变量名、函数名、模块名等其他标识符名称。Python 语言的保留字与其版本相关，Python 3.x 版至少有 33 个，如表 2-1 所示。

表 2-1　Python 33 个保留字

序号	保留字	用途
1	and	用于表达式运算，逻辑与操作
2	as	用于类型转换
3	assert	断言，用于判断变量或条件表达式的值是否为真
4	break	中断循环语句的执行
5	class	用于定义类
6	continue	继续执行下一次循环

序号	保留字	用途
7	def	用于定义函数或方法
8	del	删除对象（即变量、函数等）或者序列的值
9	elif	条件语句中，与 if、else 结合使用
10	else	条件语句中，与 if、elif 结合使用，也用于异常和循环
11	except	包括捕获异常后的操作代码，与 try、finally 结合使用
12	finally	用于异常语句，出现异常后，始终要执行 finally 包含的代码块，与 try、except 结合使用
13	for	循环语句
14	from	用于导入模块，与 import 结合使用
15	False	布尔值，假
16	global	定义全局变量
17	if	条件语句，与 else、elif 结合使用
18	import	用于导入模块，与 from 结合使用
19	in	成员测试，判断对象是否属于迭代对象（诸如列表、元组、字符串等数据）中的元素
20	is	对象同一性测试运算符
21	lambda	定义匿名函数
22	nonlocal	在函数或其他作用域中使用外层（非全局）变量
23	not	用于表达式运算，逻辑非操作
24	None	空值
25	or	用于表达式运算，逻辑或操作
26	pass	空的类、函数、方法的占位符
27	raise	异常抛出操作
28	return	用于从函数返回计算结果
29	try	包含可能会出现异常的语句，与 except、finally 结合使用
30	True	布尔值，真
31	while	循环语句
32	with	简化 Python 文件操作的语句
33	yield	用于从函数依次返回值

Python 的标准库提供了一个 keyword（关键字）模块，可以查看当前 Python 版本的所有关键字。例如，在 IDLE 交互式窗口中输入下面前两行代码，会输出保留字：

```
>>> import keyword
>>> keyword.kwlist
['False','None','True','and','as','assert','async','await','break','class',
'continue','def','del','elif','else','except','finally','for','from','global',
'if','import','in','is','lambda','nonlocal','not','or','pass','raise','return',
'try','while','with','yield']
```

另外，可以使用 Python 的标准库 sys 模块，查看当前 Python 版本：

```
>>> import sys
>>> sys.version
'3.7.0(v3.7.0:1bf9cc5093,Jun 27 2018,04:59:51) [MSC v.1914 64 bit (AMD64)]'
```

2.2.2 标识符

在使用 Python 语言编写程序过程中，经常要对使用的程序元素（变量、函数、模块、文件和其他对象）进行命名。在程序中用于标识变量、函数、文件等元素的符号称为标识符。由用户定义的标识符又称为用户标识符。

用户标识符的组成应符合 Python 语言标识符命名规则，标识符命名规则如下：

① 标识符由字母、数字和下划线组成，并且是只能以字母或下划线起始的字符组合。

② 不能使用 Python 中的保留字作为标识符。

③ 允许使用汉字作为标识符。

④ 英文字母区分大小写。

例如，以下是合法的用户标识符：

UID、var、var_1、a、Uid、苹果 1、For、true。

以下是非法的用户标识符：

1UID、var-1、苹果.1、for、book name、@book。

如果程序中使用非法标识符，系统将发生 SyntaxError 异常，例如：

```
>>> 苹果 1=3        #合法的用户标识符定义
>>> 苹果 1
3
>>> 苹果.1=30       #非法的用户标识符定义
SyntaxError: invalid syntax
```

应该注意：

① 标识符中不能包含空格、–、@和.等特殊字符。

② Python 语言对大小写字符敏感，两个同样的单词，如果大小写格式不一样，代表的意义完全不同。例如，python 和 Python 是两个不同的名字。

③ 用户为标识符命名时应遵循见名知义的原则。

④ 虽然用户标识符长度没有限制，但是用户为标识符命名时应该科学严谨，切勿太长。

⑤ 避免使用 Python 内置函数名称、类型名称、模块名称等作为用户标识符。例如，诸如"max""sum""int"和"str"之类的是 Python 的内置函数名，有特定的功能，用户将这些名称作为用户自定义标识符虽然合规，但是会使它们失去原有的意义，使程序设计变得混乱和复杂。

例如，下面的定义使内置函数失去原有意义：

```
1   >>> sum((1,2))
2   3
3   >>> sum=3
4   >>> sum((1,2))
5   Traceback (most recent call last):
6     File "<pyshell#16>",line 1,in <module>
7       sum((1,2))
8   TypeError: 'int' object is not callable
```

说明：在 Python 语言中 sum 作为内置函数可以返回一个数值序列的元素的和，因此，第 1 行，使用"sum((1,2))"，可以得到和值 3。第 3 行，当使用"sum=3"，将 sum 定义为变量后，

sum 失去原有的功能，因此，第 4 行再使用 "sum((1,2))" 求和时，系统发生异常，程序出错。

2.2.3　常量和变量

常量就是在程序运行过程中，其值不能改变的量。在 Python 中没有专门定义常量的语法，我们通常把能直接表示值的大小或内容，且值不能发生变化的数据称为常量。常量有不同的类型，有整型常量、实型常量、字符串常量等。例如 10、20 是整型常量，3.14、2.71 是实型常量，"Python"是字符串常量。

变量就是在程序运行过程中，其值可以改变的量。在 Python 语言中，变量的命名应遵循用户标识符命名规则；变量不需要事先定义，直接赋值即可创建任何类型的对象变量；变量的值可以变化，变量的类型也可以变化，Python 语言解释器会根据赋值运算等号右侧表达式的值的类型来推断创建变量的类型。

例如：

```
1    >>> a=3
2    >>> a
3    3
4    >>> a='python'
5    >>> a
6    'python'
```

说明：第 1 行使用 "a=3" 直接赋值整数 3 给变量 a，定义了变量名 "a"，同时变量 a 具有了值和类型；第 4 行直接赋值字符串'python'给变量 a，改变了变量 a 的值和类型。

注意：与其他编程语言不同，Python 语言中的变量不直接存储数据值，变量存储的是数据值的内存地址或引用，给变量赋予新值时，变量中存储的内存地址或引用即改变为新值所在的内存地址。实质上，创建变量后，变量就具有了 id、type、value 三种属性，其中 id 属性描述变量引用的内存地址，type 描述变量的类型，value 描述变量的值，可以使用内置函数 id()、type()分别来查看变量的内存地址、类型，vaule 值就是变量所引用的数据值。

例如查看变量的 id、type、value 属性值：

```
1    >>> a=3
2    >>> id(3)
3    8791404565600
4    >>> type(a)
5    <class 'int'>
6    >>> a
7    3
8    >>> a='python'
9    >>> id(a)
10   48407024
11   >>> type(a)
12   <class 'str'>
```

说明：第 1 行创建变量 a 后，第 2 行使用 "id(3)" 得到数值 3 存放的内存地址为 "8791404565600"，即变量 a 的引用地址为 "8791404565600"。第 4 行使用 "type(a)" 得到变量 a 的类型为"int"（整型），第 6 行键入"a"得到当前变量 a 的数据值为 3。第 8 行，对变量 a 赋予新值后，变量 a 的 id、type、value 三个属性值均随新值"python"发生变化。

2.3 数据类型、运算符和表达式

2.3.1 数据类型概述

在计算机中，操作的对象是数据，不同类型的数据可以进行的运算不同，存储方式不同，选择合适的类型来存放数据能更充分地利用内存空间。

Python 语言支持多种数据类型，如表 2-2 所示。其中，最简单的数据类型包括数字类型、字符串类型，略微复杂的数据类型包括列表类型、元组类型、字典类型和集合类型。这些类型将在后续章节中更深入地介绍。

表 2-2　Python 语言支持的多种数据类型

数据类型	类型名称	示例	简要说明
数字	int float complex	12 3.14、1.3e5 3+4j	数字大小没有限制，支持复数及其运算
字符串	str	"I'm a student", R'd:\exam '	使用单引号、双引号、三引号作为定界符表示字符串，以字母 r 或 R 引导的表示原始字符串
字节串	bytes	b'hello world'	以字母 b 引导，可以使用单引号、双引号、三引号作为定界符表示字节串
列表	list	[1, 2, 3], ['a', 'b', ['c', 2]]	所有元素放在一对方括号中，元素之间使用逗号分隔，其中的元素可以是任意类型
字典	dict	{1:'food' ,2:'taste', 3:'import'}	所有元素放在一对大括号中，元素之间使用逗号分隔，元素形式为"键:值"
元组	tuple	(2, -5, 6)，(3,)	元素为不可变类型，所有元素放在一对圆括号中，元素之间使用逗号分隔。如果元组中只有一个元素的话，后面的逗号不能省略
集合	set frozenset	{'a', 'b', 'c'}	所有元素放在一对大括号中，元素之间使用逗号分隔，元素不允许重复；set 是可变集合，frozenset 是不可变集合
布尔型	bool	True, False	对应的数据为布尔值，关系运算符、成员运算符、对象同一性测试运算符组成的表达式的值一般为 True 或 False
空类型	NoneType	None	空值

2.3.2 运算符和表达式

在 Python 中，单个的任何类型的数据都是合法表达式，使用运算符将数据按照一定的规则连接起来的式子也是合法表达式。Python 的运算符主要包括算术运算符、赋值运算符、关系运算符、逻辑运算符等。这些运算符将在后续章节详细介绍。使用算术运算符连接起来的式子称为算术表达式，使用关系运算符连接起来的式子称为关系表达式。

```
>>> 8*6        #算术运算符*
48
>>> 3+5        #算术运算符+
```

```
8
>>> x=3                 #赋值运算符=
>>> x+=6                #等价于 x=x+6
>>> x
9
>>> 10>5                #关系运算符>
True
>>> 'o'+'k'+'!'   #+运算符也可以用于字符串类型数据实现字符串的合并
'ok!'
>>> 'ab'*3        #*运算符也可以用于字符串类型数据实现字符串的复制
'ababab'
```

本节主要介绍位运算符和对象同一性测试运算符（身份运算符）。

位运算符是对二进制数进行的运算。Python 语言中位运算符只能用于整数类型，进行位运算时先将整数转换为二进制数，然后将两个操作数的二进制位右对齐，对应位按运算符的规则进行运算，最后将结果再转换为十进制数，如表 2-3 所示。

表 2-3　位运算符

运算符	功能说明	举例
&	按位与：两个二进制数对应位与运算	12 &9，结果为 8： 00001100 与 00001001 按位与，结果是 00001000
|	按位或：两个二进制数对应位或运算	12|9，结果为 13： 00001100 与 00001001 按位或，结果是 00001101
^	按位异或：两个二进制数对应位异或运算	12 ^ 9，结果为 5： 00001100 与 00001001 按位异或，结果是 00000101
~	按位取反：一个二进制数各位取反	~12，结果为–13： 00001100 按位取反，结果是 11110011
<<	左移位：x<<n，将 x 的二进制数左移 n 位，高位丢弃，低位补 0。相当于 x 乘以 2 的 n 次幂	12 << 2，结果为 48： 00001100 左移 2 位，结果是 00110000
>>	右移位：x>>n，将 x 的二进制数右移 n 位，低位丢弃，高位补 0。相当于 x 除以 2 的 n 次幂	12 >> 2，结果为 3： 00001100 右移 2 位，结果是 00000011

对象同一性测试运算符 is 用来测试两个对象是否是同一个，如果是，结果为 True，否则结果为 False。如果两个对象是同一个，则两者具有相同的内存地址。

例如：

```
>>> x=1
>>> y=1
>>> x is y
True
>>> y=2
>>> x is y
False
```

Python 中有的运算符有多种不同含义，例如，+、*运算符也可以用于字符串类型数据实现字符串的合并、复制，-、&、|、^也可以用于集合类型数据实现集合的差、并、交、对称差运算。因此，运算时，应该注意运算对象的类型，用与类型匹配的运算规则进行运算。

此外，运算符有优先级，Python 中运算符的运算规则是：优先级高的先运算，优先级低的后运算，同一优先级按从左到右的顺序运算；可以使用小括号，括号内的运算最先执行。多种运算符优先级从高到低排列如下：算术运算符、位运算符、关系运算符、逻辑运算符、赋值运算符。编程时，不要完全依赖运算符的优先级来控制表达式的运算顺序，应尽量使用圆括号来控制表达式的运算顺序，这样可以提高程序的可读性。

2.4　程序的语句元素

2.4.1　赋值语句

Python 语言中，"="表示赋值，用于给变量赋予一个数据，包含赋值运算的语句称为赋值语句。

Python 支持多种格式的赋值语句，常用以下 3 种形式。

① 简单赋值，就是给一个变量赋值，一般语法格式为：

<变量>=<表达式>

例如，x = 1。

② 连续赋值，就是给多个变量同时赋予一个相同的值，一般语法格式为：

<变量 1>=<变量 2>=…=<变量 *n* >=<表达式>

例如：

```
>>>a=b=c=10              #将 10 赋值给变量 a，b，c
>>>a,b,c
(10,10,10)
```

说明： 这种情况下作为值的整数对象 10 在内存中只有一个，变量 a、b、c 引用的是同一个变量。

③ 序列赋值，就是用一个赋值运算给每个变量赋予一个指定的值。序列赋值时赋值符号左侧可以是元组、列表表示的多个变量名，右侧是元组、列表或字符串等序列表示的值，赋值时 Python 将顺序匹配变量名和值，一次性为多个变量赋值。一般语法格式为：

<变量序列>=<值序列>

例如：

```
>>>a,b=1,2              #使用省略圆括号的元组赋值
>>>a,b
(1,2)
>>>(a,b)=10,20         #使用元组赋值
>>>a,b
(10,20)
>>>[a,b]=[30,'ab']     #使用列表赋值
>>>a,b
(30,'ab')
```

使用序列赋值可以简便地实现交换两个变量的值。

例如：将变量 x 和 y 交换。

```
>>> x=1;y=2              #给变量 x、y 赋予初始值
>>> x,y=y,x              #使用序列赋值
>>> x,y                  #查看变量 x、y 的值, 发生交换
(2,1)
```

2.4.2 模块导入

Python 中, 不仅可以使用内置函数编程, 还可以使用标准库和其他第三方库中的函数进行编程。使用标准库和第三方库时, 需要在当前程序中导入需要的功能模块。Python 语言使用 import 保留字进行模块导入, 常用的模块导入有以下三种方式:

（1）import<库名>

使用这种方法导入模块库之后, 采用 "<库名>.<函数名>()" 方式调用该函数。例如:

```
>>> import math
>>> math.sqrt(9)         #求 9 的平方根
3.0
```

（2）import<库名>as<别名>

如果引用时设置了别名, 则使用 "<别名>.<函数名>()" 的方式调用相应函数。例如:

```
>>> import random as rd
>>> x = rd.random()      #为 x 赋予一个[0,1)区间的一个随机小数
>>> x
0.8879803006054702
```

（3）from<库名>import *

使用这种方法可以导入指定库中的全部内容, 使用 "<函数名>()" 的方式调用函数。例如:

```
>>> from math import *
>>> cos(0.5)
0.8775825618903728
>>> sin(0.5)
0.479425538604203
```

它的另一种形式是 "from<库名>import<函数名>"。使用这种方法, 仅导入指定库中的指定函数, 库中的其他内容当前程序不能使用, 并使用 "<函数名>()" 方式调用导入的函数。例如:

```
>>> from math import sin   #仅导入 math 库中的 sin 函数
>>> sin(0.5)
0.479425538604203
```

2.4.3 其他语句

除了赋值语句外, Python 程序还包括一些其他的控制语句、函数调用语句等。控制语句用于控制程序运行的流程, 主要包括以下控制语句:

① if…   选择语句
② if…else…   选择语句
③ if…elif…else…   选择语句

④ while…   循环语句
⑤ while…else…   循环语句
⑥ for…   循环语句
⑦ for…else…   循环语句
⑧ break   终止所在循环
⑨ continue   终止本次循环
⑩ pass   空语句
⑪ with…as…   自动处理语句

选择语句是控制程序运行的一种语句，它的作用是根据判断条件选择程序执行路径。循环语句是控制程序运行的另一类重要语句，与分支语句控制程序执行类似，它的作用是根据判断条件确定一段程序是否再次执行一次或者多次。循环语句包括 while 循环和 for 循环。break 和 continue 用于循环结构中，用于控制循环终止。pass 语句主要用于程序语句占位。with 语句用于文件打开的自动管理，简化文件打开后的操作。

2.5 基本输入输出函数

数据输入输出是计算机的基本操作，基本输入是指从键盘输入数据的操作，基本输出是指在屏幕上显示处理结果的操作。在 Python 语言程序中，要执行输入输出操作必须调用函数来完成。

2.5.1 input()函数

在 Python 语言中，使用内置函数 input()来接收用户键盘输入的信息。

input()函数的一般语法格式为：

<变量>= input("<提示文字>")

说明：

① 变量：用于保存输入的数据。

② "<提示文字>"：是一个字符串，用于提示要输入的内容，可省略。若省略则什么也不提示。

③ 用户输入数据时，使用回车键结束输入。

例如，接收用户输入的内容，保存到变量 name 中：

```
name=input('请输入姓名: ')
```

在 Python 语言中，用 input()函数输入数据时，无论用户在控制台输入字符串或数值，函数的返回值始终为字符串类型。如果需要接收数值数据，可以使用类型转换函数 int()、float()等进行类型转换。

例如：

```
>>> x=input("请输入整数: ")
请输入整数: 99          #返回用户输入数据为字符串'99'
>>> x
'99'
```

```
>>> x+100                #x 和 100 的类型不一致，不能相加，否则，系统出现异常
Traceback (most recent call last):
  File "<pyshell#4>", line 1, in <module>
     x+100
TypeError: can only concatenate str (not "int") to str
>>> x=int(x)             #转换 x 的类型为 int
>>> x+100
199
```

2.5.2 eval() 函数

eval() 是 Python 语言中的内置函数，它能够以 Python 表达式的方式解析并执行字符串，返回字符串中表达式的计算结果。

eval() 函数的一般语法格式：

<变量>= eval("<字符串表达式>")

eval() 函数返回的计算结果的数据类型与表达式中参与运算的数据类型有关。

例如：

```
>>> x=99
>>> y=eval('x+1')
>>> y
100
>>> type(y)
<class 'int'>
>>> z=eval('1.2+3')
>>> z
4.2
>>> type(z)
<class 'float'>
```

Python 语言程序中，常用 eval() 函数和 input() 函数结合使用以获取用户输入的数字，从而避免类型转换，使用方式如下：

变量 = eval(input("提示文字"))

例如：

```
>>> x = eval(input("请输入要计算的数值: "))
请输入要计算的数值: 1.23
>>> type(x)
<class 'float'>
```

eval() 函数和 input() 函数结合使用时，还可以一次性给多个变量输入数据，输入的数据之间用逗号间隔，例如：

```
>>> x,y,z=eval(input('请输入 3 个整数: '))
请输入 3 个整数: 1,2,3              #输入的 3 个数之间用英文逗号间隔
>>> x+y+z                         #无须转换 x、y、z 的类型，可以直接运算
6
```

2.5.3 print()函数

在 Python 语言中，使用内置函数 print()将程序的处理结果输出到屏幕上。

print()函数的一般语法格式为：

print(objects, sep=' ', end='\n')

说明：

① objects ：表示 0 个或多个输出对象。输出多个对象时，用逗号分隔。

② sep ：用于指定输出多个对象时的分隔符。可以省略，默认为一个空格。

③ end ：用于指定输出的结束字符。可以省略，默认是换行符'\n'。若输出后不想进行换行操作，可以换成其他字符。

例如：

```
1    >>> print()                   #无输出对象，仅以默认换行符结束，实现换行
2
3    >>> print('Hello',1,2)        #输出 3 个对象，默认以空格间隔，换行结束
4    Hello 1 2
5    #输出 3 个对象，指定以中文冒号间隔，默认换行结束
6    >>> print('Hello',1,2,sep=': ')
7    Hello: 1: 2
8    #输出 3 个对象，默认以空格间隔，指定以字符串"OK"结束
9    >>> print('Hello',1,2,end='OK')
10   Hello 1 2OK
11   #输出 3 个对象，指定以中文冒号间隔，指定以字符串"OK"结束
12   >>> print('Hello',1,2,sep=': ',end='OK')
13   Hello: 1: 2OK
```

【例 2-1】 编写程序，键盘输入 3 个数，输出它们的总和。

```
x,y,z=eval(input('请输入 3 个数: '))
s=x+y+z
print('三个数',x,y,z,'的总和=',s)
```

程序的输出结果为：

```
请输入 3 个数: 10,20,30
三个数 10 20 30 的总和= 60
```

【例 2-2】 编写程序，输入一个华氏温度 F，输出其对应的摄氏温度 C，两种温度的关系式为：$C=\dfrac{(F-32)\times 5}{9}$。

```
F=eval(input("请输入一个华氏温度: "))
C=(F-32)*5/9
print('华氏温度',F,', 对应的摄氏温度为',C,sep='')
```

程序的输出结果为：

```
请输入一个华氏温度: 60
华氏温度 60, 对应的摄氏温度为 15.555555555555555
```

习题

一、选择题

二、填空题

1. 在 Python 中关键字_____表示空类型。

2. 一个数字 5_____ (是/不是)合法的 Python 表达式。

3. 关键字_____用于测试一个对象是否是一个可迭代对象的元素。

4. 查看变量类型的 Python 内置函数是_____。

5. 已知 x = 3，那么执行语句 x += 6 之后，x 的值为_____。

6. 已知 x=3 和 y=5，执行语句 x, y = y, x 后 x 的值是_____。

7. Python 3.x 语句 print(1, 2, 3, sep=',')的输出结果为_____。

8. Python 3.x 语句 print(1, 2, 3)的输出结果为_____。

9. 表达式 print(0b10101) 的值为_____。

10. 表达式 eval('3+5') 的值为_____。

三、编程题

1. 编写程序，输入圆的半径，输出圆的面积和周长。

2. 求解一元二次方程 $y=2x^2+8x+5$，要求通过输入 x 的值求得 y 的值。

第3章
基本数据类型

◀◀◀

 学习目标

- 理解整数类型、浮点数类型和复数类型的概念。
- 掌握数字类型的运算：内置数值运算符、内置数值运算函数。
- 掌握字符串类型及其操作：字符串的索引与切片操作、基本的字符串操作符、内置的字符串处理函数和内置的字符串处理方法。
- 掌握字符串类型的 format() 格式化方法。
- 理解类型判断和类型间转换。

3.1 数字类型

数字类型是表示大小、多少的计量，任何编程语言都提供了对数字类型的支持。Python 语言提供 3 种数字类型：整数类型、浮点数类型和复数类型，分别对应数学中的整数、实数和复数。

3.1.1 整 数 类 型

整数类型（int）通常称为整型或整数，一般直接用 int 表示，是正整数、0 和负整数的集合，并且不带小数点。如 15、25、−30、−100 等。在 Python 3.x 中，对整型没有大小限制，取值范围几乎包括了全部整数，方便了大数据的计算。

整型常量的表示方法有 4 种，分别是十进制、二进制、八进制和十六进制。默认情况，整数采用十进制，其他进制需要增加引导符号。用十进制数表示时不能以 0 开头；二进制以 0b 或 0B 开头；八进制以 0o 或 0O 开头；十六进制以 0x 或 0X 开头。例如，1010、256 表示十进制数；0b10101101、0B10101101 表示二进制数；0o4567、0O1357 表示八进制数；0x81af、0X23da 表示十六进制数。下面在 IDLE 的交互模式下输入示例代码：

```
>>> 1010           #十进制整数
1010
>>> 0b10101101     #二进制整数
173
>>> 0o4567         #八进制整数
2423
>>> 0x81af         #十六进制整数
33199
>>> 1010+0b10101101+0o4567+0x81af
36805
>>> bin(123)       #将十进制的 123 转为二进制
'0b1111011'
>>> oct(123)       #将十进制的 123 转为八进制
'0o173'
>>> hex(123)       #将十进制的 123 转为十六进制
'0x7b'
```

默认系统把各种进制的数以十进制的形式输出，不同进制的整数之间可以直接运算。如果要将十进制数转换为二进制、八进制或十六进制数，可以调用函数 bin()、oct()、hex() 来完成。

3.1.2 浮点数类型

浮点数类型（float）与数学中实数的概念一致，表示带有小数点及小数的数字。Python 语言要求所有浮点数必须带有小数部分，小数部分可以是 0，这种设计可以区分浮点数和整数类型。例如：20 是整数，20.0 是浮点数。浮点数有两种表示方法：十进制形式的一般表示和科学记数法表示。除十进制外，浮点数没有其他进制表示形式。Python 中的科学记数法表示如下：

<实数>E（或者 e）<整数>

其中，E 或 e 表示基数 10，后面的整数表示指数，指数的正负使用+或者-表示，其中+可以省略。例如：3.14e3 表示 3.14×10^3，值为 3140.0；3.14e-3 表示 3.14×10^{-3}，值为 0.00314。

浮点数和整数在计算机内部存储的方式是不同的，整数运算永远是精确的，浮点数并不能准确地表示十进制，并且即便是最简单的数学运算，也会带来不可控制的后果。例如：

```
>>> x=4.2
>>> y=2.1
>>> x+y
6.300000000000001
>>> (x+y)==6.3
False
>>> x=1.2
```

```
>>> y=2.3
>>> x+y
3.5
>>> (x+y)==3.5
True
```

上述问题，是由计算机的 CPU（中央处理器）与浮点数的表示方式导致的，即浮点数在计算机中实际是以二进制保存的，有些数不精确，这种问题在代码层面是没法控制的。

Python 浮点数类型的数值范围和小数精度受不同计算机系统的限制。除了高精度科学计算外的大部分运算，浮点数类型的数值范围和小数精度足够可靠。

整数类型和浮点数类型数据的运算结果是浮点数类型。例如：

```
>>> a=2
>>> b=0.25
>>> print(a+b,type(a+b))
2.25 <class 'float'>
>>> print(a-b,type(a-b))
1.75 <class 'float'>
>>> print(a*b,type(a*b))
0.5 <class 'float'>
>>> print(a/b,type(a/b))
8.0 <class 'float'>
```

说明：在 Python 中，不使用显示数据类型声明。数据类型是指内存中对象的类型，变量使用时是不需要声明其类型的，变量就是变量，没有类型，但是都必须赋值，变量赋值以后才会被创建，而且一个变量的类型是在第一次给它赋值的时候确定的。

3.1.3 复数类型

复数类型（complex）用于表示数学中的复数。复数由实数部分和虚数部分构成，可以用 a +bj，或者 complex(a,b)表示，其中 a 是实数部分，简称实部；b 是虚数部分，简称虚部。复数有两个特点：

① 复数必须包括表示虚部旳实数和虚数单位 j，当虚部旳实数是 1 时，1 不能省略。例如：3.2+1j。

② 复数的实部和虚部都是浮点数类型。

可以使用 real 和 imag 属性分别取出复数的实数部分和虚数部分，例如：

```
>>> a=3.6+2.5j
>>> a.real        #实数部分
3.6
>>> a.imag        #虚数部分
2.5
>>> c=3+1j
>>> c.real        #实数部分
```

```
3.0
>>> c.imag          #虚数部分
1.0
>>> type(c)
<class 'complex'>
>>> type(c.real)
<class 'float'>
>>> type(c.imag)
<class 'float'>
```

可以使用 complex(real,imag) 函数将 real 和 imag 两个数值转换为复数，real 是复数的实部，imag 是复数的虚部，例如：

```
>>> complex(3.6,2.5)
(3.6+2.5j)
>>> complex(3.2,1)
(3.2+1j)
```

3.2 数字类型的运算

Python 的交互式环境可以作为一个表达式计算器使用，只要输入需要计算的表达式很快就能计算出结果。和其他高级程序设计语言一样，Python 提供了丰富的运算符，可以方便地完成各种运算。Python 支持以下 7 种运算符：数值（算术）运算符、比较（关系）运算符、赋值运算符、位运算符、逻辑运算符、成员运算符、身份运算符。运算符是用来对变量或数据进行操作的符号，也称作操作符，操作的数据称为操作数，运算符的意义是规定操作数的运算规则。

3.2.1 内置的数值运算符

Python 提供了 9 个基本的数值运算符，也称算术运算符，包括加、减、乘、除、整除、取余、负号、正号、乘方运算。Python 数值运算符如表 3-1 所示。

表 3-1 Python 数值运算符

运算符	说明
x +y	加法，x 与 y 之和
x-y	减法，x 与 y 之差
x * y	乘法，x 与 y 之积
x / y	除法，x 与 y 之商
x // y	整除，x 与 y 之整数商，即：不大于 x 与 y 之商的最大整数
x % y	取余，x 与 y 之商的余数，也称为模运算
-x	负号，x 的负值，即：x×(−1)
+x	正号，x 本身
x**y	乘方，x 的 y 次幂，即：x^y

Python 数值运算符优先级从高到低排列如下：

① **（乘方运算符）。

② −，+（按位取反，负号、正号运算符）。这两个运算符是一目运算符。

③ *，/，//，%（乘法、除法、整除、取余运算符）。

④ +，−（加法、减法运算符）。

数值运算结果的数据类型取决于操作数和运算符类型。数值运算结果的类型可能与操作数不同，基本规则如下：

① 整数和浮点数混合运算，输出结果是浮点数。

② 整数之间运算，运算结果类型与运算符相关，除法运算的结果是浮点数。

③ 对于取余运算表达式 x%y：当 x 和 y 的符号相同时，表达式的值为二者相除后的余数，符号与 y 的符号相同；当 x 和 y 的符号相异时，表达式的值为二者的绝对值相除后的余数与 y 的绝对值之差，符号与 y 的符号相同。

④ 整数或浮点数与复数运算，输出结果是复数。

数值运算示例如下：

```
>>> 10+3.14        #整数与浮点数加法运算，运算结果是浮点数
13.14
>>> 123+456        #整数与整数加法运算，运算结果是整数
579
>>> 9/3            #整数与整数除法运算，运算结果是浮点数
3.0
>>> 19//3          #整数与整数整除运算，运算结果是整数
6
>>> 19.0//3        #整数与浮点数整除运算，运算结果是浮点数
6.0
>>> 2**4           #整数与整数乘方运算，运算结果是整数
16
>>> 2.0**4         #整数与浮点数乘方运算，运算结果是浮点数
16.0
>>> 100.0%3        #x、y符号相同，取余后值为二者相除后的余数，符号与 y 的符号相同
1.0
>>> -100%-3
-1
>>> -100%3         #x、y符号相异，取余后值为二者绝对值相除后余数与 y 绝对值之差，符号与 y 相同
2
>>> 100%-3
-2
>>> 10+2.5+1j      #整数与复数运算，运算结果是复数
(12.5+1j)
>>> 10.1-(2.5+1j)  #浮点数与复数运算，运算结果是复数
(7.6-1j)
```

在前面章节已经讲解了赋值运算符，赋值运算符的作用就是将变量或表达式的值赋给某一个变量。所有二元数值运算符（+、-、*、/、//、%、**）都可以与赋值运算符（=）相连，形成增强赋值运算符（+=、-=、*=、/=、//=、%=、**=），如表 3-2 所示。

表 3-2　Python 增强赋值运算符

运算符	说明	运算符	说明
+=	加等于，a+=b 等价于 a=a+b	//=	整除等于，a//=b 等价于 a=a//b
-=	减等于，a-=b 等价于 a=a-b	%=	余等于，a%=b 等价于 a=a%b
*=	乘等于，a*=b 等价于 a=a*b	**=	幂等于，a**=b 等价于 a=a**b
/=	除等于，a/=b 等价于 a=a/b		

赋值运算符和增强赋值运算符的使用示例如下：

```
>>> a=10
>>> b=a+5
>>> print(a,b)
10 15
>>> a=b=20
>>> print(a,b)
20 20
>>> a,b,c,d=1,3.14,2+1j,'apple'
>>> print(a,b,c,d)
1 3.14 (2+1j) apple
>>> x=10
>>> x+=2        #与 x=x+2 等价
>>> x
12
>>> x*=3        #与 x=x*3 等价
>>> x
36
>>> x**=2       #与 x=x**2 等价
>>> x
1296
```

3.2.2　内置的数值运算函数

在计算机中，函数是能完成一定功能、可以被重复使用的代码块。编程语言预先开发好了一些函数，供用户直接调用，这种函数叫作内置函数。用户也可以根据需要自己编写函数，这样的函数叫自定义函数。Python 提供了许多内置函数，内置函数在启动 Python 时就加载到内存中，可直接调用。可以通过输入 "dir(__builtins__)" 查看具有哪些内置函数，help（函数名）可以查看具体函数的使用说明。在 Python 的内置函数之中有 6 个是数值运算函数，如表 3-3 所示。

表 3-3　Python 内置的数值运算函数

函数	说明
abs(x)	取 x 绝对值，x 可以为整数、浮点数或复数。x 为复数时，返回它的模
divmod(x, y)	返回 x//y 和 x%y 的结果，输出为二元组形式(x//y, x%y)
pow(x, y[, z])	幂函数，返回(x**y)%z 或 x**y 的值，[]表示参数 z 及前面的逗号可以省略
round(x[, n])	对 x 四舍五入，保留 n 位小数。若省略 n 及前面的逗号，则返回整数；若 n 为负数，则对小数点前 n 位进行四舍五入
max(x$_1$, x$_2$, ⋯, x$_n$)	返回 x$_1$, x$_2$, ⋯, x$_n$ 的最大值，参数可以为序列
min(x$_1$, x$_2$, ⋯, x$_n$)	返回 x$_1$, x$_2$, ⋯, x$_n$ 的最小值，参数可以为序列

内置的数值运算函数示例如下：

```
>>> abs(-100)              #求-100 的绝对值
100
>>> divmod(100,3)          #返回 100//3 和 100%3 的结果
(33, 1)
>>> pow(2,8)               #等价于 2 ** 8
256
>>> pow(2,8,3)             #等价于 (2 ** 8)%3
1
>>> round(3.1415926)       #默认保留 0 位小数
3
>>> round(3.1415926,4)     #保留 4 位小数
3.1416
>>> round(1295,-2)         #对 1295 小数点左边第二位四舍五入
1300
>>> max(1,3,5,-8)          #返回 1,3,5,-8 的最大值
5
>>> min(1,3,5,-8)          #返回 1,3,5,-8 的最小值
-8
>>> max('Python')
'y'
>>> min([78,98,12,-1])
-1
```

【例 3-1】从键盘输入两个整数，交换它们的值后输出。

```
#例 3-1
a,b=eval(input('请输入两个整数: '))
print('交换前 a,b 的值: %d, %d'%(a,b))
a,b=b,a
print('交换后 a,b 的值: %d, %d'%(a,b))
```

运行结果如下：

```
请输入两个整数: 12,34
```

交换前 a,b 的值: 12,34
交换后 a,b 的值: 34,12

【例 3-2】输入圆的半径，求圆的面积并输出。

```
#例3-2
r =eval(input('请输入圆的半径: '))
area = 3.1415 * r * r
print('圆的面积为%.2f'%area)
```

运行结果如下：

```
请输入圆的半径: 2.5
圆的面积为 19.63
```

【例 3-3】输入正方体的边长 a，求正方体的体积。

```
#例3-3
a=eval(input("请输入正方体的边长 a: "))
v=a**3
print("正方体的体积为: %.2f"%v)
```

运行结果如下：

```
请输入正方体的边长 a: 3.2
正方体的体积为: 32.77
```

【例 3-4】从键盘输入一个三位正整数，计算并输出其百位、十位和个位上的数字。

```
#例3-4
x=eval(input('请输入一个三位正整数: '))
a=x//100
b=x//10%10
c=x%10
print('百位: ',a,'十位: ',b,'个位: ',c)
```

运行结果如下：

```
请输入一个三位正整数: 159
百位: 1 十位: 5 个位: 9
```

【例 3-5】输入一个数，输出它的绝对值，要求保持输入数据类型不变，即：输入浮点数，输出浮点数；输入整数，输出仍为整数。

```
#例3-5
n = eval(input('输入数值: '))           #eval 可保持输入类型
print('计算绝对值后为: ',abs(n))        #abs()是求绝对值函数
```

运行结果如下：

```
输入数值: -3.14
计算绝对值后为: 3.14
```

3.3 字符串类型及其操作

（1）字符串类型

字符串是由单引号（'）或双引号（"）或三引号（'''）（"""）括起来的字符序列，用来存储

和表现基于文本的信息，是 Python 中常用的数据类型。字符串中可以包含数字、字母、中文字符、特殊符号，以及一些不可见的控制字符，如换行符、制表符等。在表示字符串时需要注意以下几点：

① 单行字符串用一对单引号（'）或双引号（"）作为定界符，它们的作用相同。但是字符串的开始和结尾的引号必须一致，不能开头使用单引号，结尾使用双引号。

② 多行字符串用一对三单引号（'''）或三双引号（"""）作为定界符，它们的作用相同，被三引号包含的多行字符串，也被称为块字符。三引号还可以作为文档多行注释，把需要注释的多行文本包含起来。

③ 引号可以嵌套使用。

字符串表示示例如下：

```
>>> str1='Python'
>>> str2="程序设计"
>>> str3='apple 苹果 123'
>>> str4='''少年智则国智,
少年富则国富;
少年强则国强,
少年独立则国独立;
少年自由则国自由,
少年进步则国进步; '''
>>> print("'Python'是一种编程语言")
'Python'是一种编程语言
>>> print('"Python"是一种编程语言')
"Python"是一种编程语言
>>> print('''"少年中国说"节选:
少年智则国智,
少年富则国富;
少年强则国强,
少年独立则国独立;
少年自由则国自由,
少年进步则国进步; ''')
"少年中国说"节选:
少年智则国智,
少年富则国富;
少年强则国强,
少年独立则国独立;
少年自由则国自由,
少年进步则国进步;
```

（2）Python 语言转义字符

Python 中的转义字符以反斜杠"\"为前缀，反斜杠后面的字符被解释为另外一种含义，避免字符出现二义性。常用的转义字符如表 3-4 所示。

表 3-4　Python 常用转义字符

转义字符	说明	转义字符	说明
\	在行尾的续行符	\t	水平制表符
\'	单引号	\b	退格符
\"	双引号	\\	反斜杠符号
\n	换行符	\0dd	八进制数，如 \012 代表换行
\r	回车符	\xhh	十六进制数，如 \x0a 代表换行

转义字符使用示例如下：

```
>>> print('I'm a student')          #单引号标识的字符串中含有单引号
SyntaxError: invalid syntax          #错误提示信息
>>> print("I'm a student")
I'm a student
>>> print('I\'m a student')          #使用转义字符
I'm a student
>>> print('程序\t 设计')
程序        设计
>>> print('程序\n 设计')
程序
设计
>>> print('d:\\exam\\example1')
d:\exam\example1
>>> print('abc\012abc')
abc
abc
>>> print('123\x0a456')
123
456
>>> print("123\r456")
456
>>> print("123\b456")
12456
```

如果希望字符串是直接按照字面的意思来使用，包含的"\"不被作为转义标志，即使用原始字符串，可以在字符串引号前面加上 r（或 R）。例如：

```
>>> print('apple\n 苹果')
apple
苹果
>>> print(r'apple\n 苹果')
apple\n 苹果
>>> print(r'd:\exam\example1')
d:\exam\example1
```

3.3.1 字符串的索引与切片操作

（1）字符串的索引

Python 使用下标值获取字符串中指定的某个字符，称为索引操作。字符串索引的使用方式如下：

<字符串>[下标]

字符串索引分为正索引和负索引，每个字符都对应两个编号，即下标。

字符串	P	y	t	h	o	n
正索引	0	1	2	3	4	5
负索引	−6	−5	−4	−3	−2	−1

正索引从左至右标记字符，正向递增，最左边的字符索引为 0，第二个是 1，以此类推。如果字符串长度为 L，最右边字符索引为 $L-1$。负索引从右至左标记字符，反向递减，最右边的字符索引为−1，向左依次递减，最左边字符索引为−L。每个字符的编号可正可负，有两种索引方法。

Python 字符串中字符是以 Unicode 编码存储的，在 Unicode 编码中，每个字符都有一个唯一的编码值，字符串中的英文字符和中文字符都算作一个字符。

字符串索引操作示例如下：

```
>>> "Python"[2]
't'
>>> str1= "Python"
>>> str1[-4]
't'
>>> str1[6]      #索引越界
Traceback (most recent call last):
File "<pyshell#130>", line 1, in <module>
str1[6]
IndexError: string index out of range
>>> str2='少年智则国智,少年富则国富;'
>>> str2[7]
'少'
>>> str2[-7]
'少'
```

注意：Python 字符串是一组不可变且有序的序列，不能用任何方式改变字符串对象的值，通过索引可以引用字符串中的某个字符，但是不可以改变字符串中的字符，否则就会出错。例如：

```
>>> str = "Python"
>>> str[1]='m'
Traceback (most recent call last):
File "<pyshell#114>", line 1, in <module>
str[1]='m'
TypeError: 'str' object does not support item assignment
```

在例子中，输入了语句"str[1]='m'"，提示出错，因为字符串对象不支持对成员赋值。

（2）字符串的切片

字符串切片是指从字符串中截取部分字符组成新的字符串，字符串切片不会改变原字符串。字符串切片的使用方式如下：

<字符串>[start: end: step]

字符串切片操作是用 2 个冒号分隔 3 个数字来完成的。

• start 值表示切片开始的位置，可以省略，省略时默认为 0。

• end 值表示切片截止的位置，但不包含截止位置数字（到 end−1 结束），end 值可以省略，省略时默认为字符串长度。

• step 值表示切片的步长，可以省略，省略时默认为 1。省略步长时可以省略最后一个冒号。

字符串切片操作示例如下：

```
>>> s='Hello World!'
>>> s[6:11]
'World'
>>> s[6:4]
''
>>> s[:5]
'Hello'
>>> s[6:]
'World!'
>>> print(s[6:])
World!
>>> s[-3:-1]
'ld'
>>> s[6:-1]
'World'
>>> s[-6:9]
'Wor'
>>> s[::2]
'HloWrd'
>>> s[1:10:2]
'el ol'
>>> s[::]                    #字符串复制
'Hello World!'
>>> s[::-1]                  #字符串逆序
'!dlroW olleH'
>>> s[-1::-1]               #字符串逆序
'!dlroW olleH'
```

【例 3-6】字符串索引与切片。

```
#例 3-6
str1 = 'Hello World!'
str2 = "Python"
print ("str1[0]: ", str1[0])
```

```
print ("str2[1:5]: ", str2[1:5])
```

运行结果如下：

```
str1[0]: H
str2[1:5]: ytho
```

【例 3-7】输入一个字符串，输出用户输入的最后一个字符。

```
#例 3-7
str = input('输入一个字符串: ')
print(str[-1])
```

运行结果如下：

```
输入一个字符串: apple
e
```

【例 3-8】输入一个字符串，倒序输出。

```
#例 3-8
str = input('输入一个字符串: ')
print(str[::-1])
```

运行结果如下：

```
输入一个字符串: Python
nohtyP
```

【例 3-9】输入一个字符串，在一行中输出其正向索引序号为偶数位置的字符。如用户输入"student"，程序运行后输出"suet"。

```
#例 3-9
str = input('输入一个字符串: ')
print(str[::2])
```

运行结果如下：

```
输入一个字符串: student
suet
```

【例 3-10】输入一个字符串，当输入字符串结尾是 "ly" 时，输出"YES"，否则输出"NO"。

```
#例 3-10
a = input('输入一个字符串: ')
if a[-2:]=='ly':
    print('YES')
else:
    print('NO')
```

运行结果如下：

```
输入一个字符串: quickly
YES
```

【例 3-11】输入一个小于等于 12 的整数 n，逐个输出字符串"少年智则国智少年富则国富"中前 n 个字符，每个字符后输出一个半角逗号和一个空格。

```
#例 3-11
n=int(input('输入一个小于等于 12 的整数: '))
s="少年智则国智少年富则国富"
```

```
for i in range(n):
        print(s[i],end = ', ')
```

运行结果如下：

```
输入一个小于等于 12 的整数: 6
少, 年, 智, 则, 国, 智,
```

【例3-12】一个字符串，如果字符串中各字符逆向排列与原字符串相同，则称为回文，例如"蜜蜂酿蜂蜜"。输入一个字符串，判断该字符串是否为回文，是回文则输出"True"，否则输出"False"。

```
#例 3-12
str = input('输入一个字符串: ')
if str == str[::-1]:
        print('True')
else:
        print('False')
```

运行结果如下：

```
输入一个字符串: 蜜蜂酿蜂蜜
True
```

3.3.2 基本的字符串运算符

Python 语言提供了字符串连接、复制和成员运算符，用来对字符串进行基本的拼接、重复和成员测试操作。Python 常用的字符串运算符如表 3-5 所示。

表 3-5 Python 字符串运算符

运算符	说明
s +t	连接两个字符串 s 与 t
s * n 或 n * s	将字符串 s 复制 n 次
x in s	如果 x 是 s 的子串，返回 True，否则返回 False
x not in s	如果 x 不是 s 的子串，返回 True，否则返回 False

字符串运算符操作示例如下：

```
>>> a='Hello'
>>> b='World'
>>> s=a+b
>>> s
'HelloWorld'
>>> a*3
'HelloHelloHello'
>>> a in s
True
>>> b not in s
False
```

3.3.3 内置的字符串处理函数

Python 语言具有强大的字符串处理功能，它提供了内置的字符串处理函数，可以对输入的字符串进行相应处理并返回操作结果。

字符串处理函数调用形式为：

<函数名> (<参数>)

常用的内置字符串处理函数如表 3-6 所示。

表 3-6　Python 常用内置字符串处理函数

函数	说明
len(s)	返回字符串 s 的长度
str(x)	将任意类型数据 x 转换为对应的字符串类型数据
hex(x)	将整数 x 转换为对应十六进制字符串
oct(x)	将整数 x 转换为对应八进制字符串
bin(x)	将整数 x 转换为对应二进制字符串
max(s)	返回字符串 s 中最大字符
min(s)	返回字符串 s 中最小字符
chr(x)	返回 Unicode 码 x 对应的单字符
ord(x)	返回单字符 x 对应的 Unicode 编码

字符串处理函数操作示例如下：

```
>>> s='长江黄河珠穆朗玛峰'
>>> len(s)
9
>>> str(10)
'10'
>>> hex(10)
'0xa'
>>> oct(10)
'0o12'
>>> bin(10)
'0b1010'
>>> max('I am a student')
'u'
>>> min('I am a student')
' '
>>> chr(100)
'd'
>>> ord('a')
97
```

美国标准信息交换码 ASCII 是最早的字符串编码，它对 10 个数字、26 个英文字母（包括大写共 52 个）及一些其他符号进行了编码。ASCII 码采用 1 个字节来对字符进行编码，最多只能表示 256 个符号。

GB 2312（GB/T 2312—1980）是我国制定的中文编码，使用 1 个字节表示英语，2 个字节表示中文；GBK 是 GB 2312 的扩充；CP936 是微软在 GBK 基础上开发的编码方式。GB 2312、GBK 和 CP936 都是使用 2 个字节表示中文。

Unicode 又称万国码，是计算机科学领域里的一项业界标准，包括字符集、编码方案等。Unicode 编码解决了传统的字符编码方案的局限性，它几乎包含了世界上所有民族的所有文字。Unicode 编码为各种语言中的每个字符设定了统一并且唯一的二进制编码，以满足跨语言、跨平台进行文本转换、处理的要求。Unicode 最常用的是用两个字节表示一个字符，特殊字符可能需要四个字节，现代操作系统和大多数编程语言都直接支持 Unicode 编码。

由于互联网的出现，Unicode 字符的传输出现了问题，像英文字符本来需要一个字节就可以保存，而用 Unicode 编码比 ASCII 编码需要多一倍的存储空间，在存储和传输上就十分不划算，因此又出现了把 Unicode 编码转化为"可变长编码"的 UTF-8 编码。UTF-8 编码把一个 Unicode 字符根据不同的数字大小编码成 1~6 个字节，常用的英文字母被编码成 1 个字节（兼容 ASCII），汉字通常是 3 个字节，只有很生僻的字符才会被编码成 4~6 个字节。

现在计算机系统通用的字符编码工作方式：在计算机内存中，统一使用 Unicode 编码，当需要保存到硬盘或需要传输时，可以转换为 UTF-8 编码。

Python 3.x 完全支持中文字符，默认使用 UTF-8 编码格式，无论是一个数字还是中英文字符及标点字符，在统计字符串长度时都按一个字符对待和处理。

3.3.4 内置的字符串处理方法

Python 的字符串处理方法由方法名称和用圆括号括起来的参数列表组成，需要结合特定的对象使用。方法仅作用于前导的字符串对象，并且因为字符串属于不可变序列，所以方法中对字符串的修改都是靠返回一个新字符串来实现的，并没有对老字符串产生影响。

字符串处理方法的调用形式为：

<字符串>.<方法名>(<参数 1>, <参数 2>…)

Python 中有很多内置的字符串处理方法，可以对字符串进行查找、判断、格式设置、连接与拆分等操作。下面分五个方面介绍一些常用的字符串处理方法。

（1）字母处理方法

Python 中常见的涉及字母处理的方法如表 3-7 所示。

表 3-7　Python 字母处理方法

方法	说明
str.upper()	将字符串中所有小写字母转换为大写
str.lower()	将字符串中所有大写字母转换为小写
str.swapcase()	将字符串中所有字符大小写互换
str.capitalize()	首字母大写方法。将字符串的第一个字母变成大写，其他字母变成小写
str.title()	标题化方法。将字符串中所有单词首字母大写，其他字母小写，从而形成标题

字母处理方法操作示例如下：

```
>>> s = "How do You DO?"
>>> s.upper()                    #返回大写字符串
```

```
'HOW DO YOU DO?'
>>> s.lower()                    #返回小写字符串
'how do you do?'
>>> s.swapcase()                 #大小写互换
'hOW DO yOU do?'
>>> s.capitalize()               #字符串首字母大写
'How do you do?'
>>> s.title()                    #每个单词的首字母大写
'How Do You Do?'
```

（2）字符串判断方法

Python 提供了判断字符串是否包含某些字符的方法，常见的字符串判断方法如表 3-8 所示。

表 3-8　Python 字符串判断方法

方法	说明
str.isalnum()	如果字符串中至少有一个字符，且所有字符都是字母或数字，则返回 True，否则返回 False
str.isalpha()	如果字符串中至少有一个字符，且所有字符都是字母，则返回 True，否则返回 False
str.isdigit()	如果字符串只包含数字，则返回 True，否则返回 False
str.islower()	如果字符串中包含至少一个区分大小写的字符，并且所有这些字符(区分大小写的)都是小写，则返回 True，否则返回 False
str.isupper()	如果字符串中包含至少一个区分大小写的字符，并且所有这些字符(区分大小写的)都是大写，则返回 True，否则返回 False
str.istitle()	如果字符串是标题化的，即字符串中包含的英文单词首字母都是大写的，则返回 True，否则返回 False
str.isspace()	如果字符串全是空白字符，返回 True，否则返回 False
str.startswith(prefix[,start[,end]])	检查字符串是否以 prefix（指定前缀）开头，如果是返回 True，否则返回 False。如指定开始（start）和结束（end）范围，则检查在指定范围内进行
str.endswith(suffix[,start[,end]])	检查字符串是否以 suffix（指定后缀）结束，如果是返回 True，否则返回 False。如果指定开始（start）和结束（end）范围，则检查在指定范围内进行

字符串判断方法操作示例如下：

```
>>> "xiaoming666".isalnum()
True
>>> 'xiaoming666'.isalpha()
False
>>> 'xiaoming666'.isdigit()
False
>>> 'xiaoming666'.islower()
True
>>> 'XIaoming'.isupper()
False
>>> 'Xiao Ming'.istitle()
True
>>> '\t\n\r'.isspace()
True
```

- startswith()：语法为 str.startswith(prefix[,start=0[,end=len(str)]])。

参数说明如下。

① prefix：指定前缀，该参数可以是一个字符串或者是一个元素。

② start：可选参数，字符串中开始位置索引，默认为 0。（可单独指定）

③ end：可选参数，字符串中结束位置索引，默认为字符串的长度。（不能单独指定）

- endswith()：判断字符串前缀、后缀方法示例如下：

```
>>> s="Hello Kitty"
>>> s.startswith('Hello')
True
>>> s.startswith('llo')
False
>>> s.startswith('llo',2)
True
>>> s.startswith('llo',2,3)
False
>>> s.startswith('llo',2,5)
True
>>> s.endswith('ty')
True
>>> s.endswith('ty',3)
True
>>> s.endswith('ty',3,7)
False
```

（3）字符串查找方法

Python 提供了在字符串中检测子串、统计子串个数、替换子串的方法，如表 3-9 所示。

表 3-9 Python 字符串查找方法

方法	说明
str.find(sub[,start[,end]])	检测子串 sub 是否包含在字符串中，如果是返回首次出现位置的索引值，否则返回-1。如果 start 和 end 指定范围，则检测在指定范围内进行
str.rfind(sub[,start[,end]])	检测子串 sub 是否包含在字符串中，如果是返回末次出现位置的索引值，否则返回-1。如果 start 和 end 指定范围，则检测在指定范围内进行
str.index(sub[,start[,end]])	与 find()方法一样，返回子串 sub 在字符串中存在的起始位置。如果 sub 不在字符串中，会报一个异常
str.count(sub[,start[,end]])	返回子串 sub 在字符串里面出现的次数。如果 start 和 end 指定范围，则返回指定范围内 sub 出现的次数
str.replace(old,new[,count])	把字符串中的子串 old 替换成 new。如果指定 count 值，则替换不超过 count 次，否则会将字符串中所有 old 子串全部替换为 new

- find()和 index()的区别：如果找不到目标元素，find 会返回-1，index 会报错。

- replace(old,new)：子串 old 和 new 的长度可以不同。

在字符串中检测子串、统计子串个数、替换子串的方法示例如下：

```
>>> s="学习计算机语言，就学 python 语言"
```

```
>>> s.find('语言')
5
>>> s.find('语言',8)
16
>>> s.find('语言',8,15)
-1
>>> s.rfind('语言')
16
>>> s.rfind('语言',6,10)
-1
>>> str = "Anything I do, I spend a lot of time."
>>> str.count('I')
2
>>> str.count('I',0,9)
0
>>> str.replace('I', 'you')
'Anything you do, you spend a lot of time.'
>>> str.replace('I', 'you',1)
'Anything you do, I spend a lot of time.'
```

（4）字符串格式设置方法

Python 提供了字符串格式设置方法，包括设置字符串对齐方式的 rjust()、ljust()和 center()
方法，还有删除字符串头尾的某些字符的 strip()、lstrip()和 rstrip()方法。常用的字符串格式设
置方法如表 3-10 所示。

表 3-10　Python 字符串格式设置方法

方法	说明
str.center(width[,fillchar])	返回长度为 width 的新字符串，将原字符串居中，左、右不够用 fillchar 补齐（默认空格）
str.ljust(width[,fillchar])	返回长度为 width 的新字符串，将原字符串左对齐，右边不够用 fillchar 补齐（默认空格）
str.rjust(width[,fillchar])	返回长度为 width 的新字符串，将原字符串右对齐，左边不够用 fillchar 补齐（默认空格）
str.zfill (width)	返回长度为 width 的新字符串，将原字符串右对齐，左边不够用 0 补齐
str.strip([chars])	移除字符串开头、结尾指定的字符 chars，缺省时去掉空白字符（包括\t、\n、\r、\x0b、\x0c 等）
str.lstrip([chars])	移除字符左端指定的字符 chars，缺省时去掉空白字符（包括\t、\n、\r、\x0b、\x0c 等）
str.rstrip([chars])	移除字符右端指定的字符 chars，缺省时去掉空白字符（包括\t、\n、\r、\x0b、\x0c 等）

● center()、ljust()、rjust()：返回指定宽度的新字符串，原字符串居中、左对齐或右对齐
出现在新字符串中，如果指定宽度 width 大于字符串长度，则使用指定的字符（默认为空格）
进行填充。如果 width 小于字符串长度时，则返回 str。其中，fillchar 是单个字符。

字符串设置对齐方式的方法操作示例如下：

```
>>> "Python".center(20)              #居中对齐，用空格填充"
'       Python        '
>>> "Python".center(20,"#")          #居中对齐，用"#"填充
'#######Python#######'
```

```
>>> "Python".ljust(20,"#")                #左对齐, 用"#"填充
'Python##############'
>>> "Python".rjust(20,"#")                #右对齐, 用"#"填充
'##############Python'
>>> "Python".zfill(20)                     #右对齐, 用 0 填充
'00000000000000Python'
```

● strip()、rstrip()、lstrip(): 删除字符串两端、右端、左端的某些字符。这三个方法的参数指定的字符串 chars 并不作为一个整体对待, 而是在原字符串的两端、右端、左端删除参数字符串中包含的所有字符, 一层一层地从外往里删除。

字符串删除空白字符及指定字符操作示例如下:

```
>>> s=" apple  "
>>> s.strip()                              #删除空白字符
'apple'
>>> "\n\n\napple\t\t\t".strip()            #删除空白字符
'apple'
>>> "aabbvvddaa".strip("a")                #删除指定字符
'bbvvdd'
>>> "aabbvvddaa".strip("bad")
'vv'
>>> "aabbvvddaa".rstrip("a")               #删除字符串右端指定字符
'aabbvvdd'
>>> "aabbvvddaa".lstrip("a")               #删除字符串左端指定字符
'bbvvddaa'
>>> "11223344556".strip('15')              #5 不在字符串两端, 所以不能删除
'223344556'
>>> "11223344556".strip('615')
'223344'
>>> "11223344556".strip('6145')
'2233'
>>> "11223344556".strip('62145')
'33'
>>> "11223344556".strip('621435')
''
```

（5）字符串连接与拆分方法

在处理字符串时, 有时需要连接与拆分字符串, 这时可以使用 join()与 split()方法, 如表 3-11 所示。

表 3-11　Python 字符串连接、拆分方法

方法	说明
str.join(iterable)	以字符串 str 作为分隔符, 将可迭代对象 iterable 中字符串元素拼接为一个新的字符串。当 iterable 中存在非字符串元素时, 返回一个 TypeError 异常
str.split(sep=None, maxsplit =-1)	根据分隔符 sep 将字符串分隔成多个子字符串存储在列表中, sep 默认为所有空字符。maxsplit 为分隔次数, 默认为-1, 即分隔所有

● join()：将可迭代对象以指定的分隔符连接生成一个新的字符串。

字符串连接方法示例如下：

```
>>> s1='How are you'                     #连接字符串
>>> ','.join(s1)
'H,o,w, ,a,r,e, ,y,o,u'
>>> s2=['How','are','you']               #连接列表
>>> '12'.join(s2)
'How12are12you'
>>> s3=('How','are','you')               #连接元组
>>> '@'.join(s3)
'How@are@you'
>>> s4={'How':1,'are':2,'you':3}         #连接字典
>>> '$'.join(s4)
'How$are$you'
```

● split()：拆分字符串。以指定字符为分隔符，把当前字符串从左往右分隔成多个字符串，并返回包含分隔结果的列表。语法：

str.split(sep=None, maxsplit = -1)

参数说明如下。

① sep：分隔符。默认为所有的空字符，包括空格、换行(\n)、制表符(\t)等。当 split() 方法不指定分隔符时，字符串中的任何空白符号（空格、换行符、制表符等）都将被认为是分隔符，并删除切分结果中的空字符串。如果 split() 明确指定了分隔符，情况是不一样的，会保留切分得到的空字符串。若字符串 str 中没有指定的分隔符 sep，则把整个字符串作为列表的一个元素。

字符串拆分方法示例如下：

```
>>> s1= "apple,orange,watermelon,banana"
>>> s1.split(',')                 #逗号为分隔符
['apple', 'orange', 'watermelon', 'banana']
>>> s1.split(':')                 #字符串中没有指定的分隔符，把整个字符串作为列表的
                                   一个元素
['apple,orange,watermelon,banana']
>>> s2="I like \n\n to eat \t\t fruit"
>>> s2.split()                    #不指定分隔符，空白符号都将被认为是分隔符，并删除切
                                   分结果中的空字符串
['I', 'like', 'to', 'eat', 'fruit']
>>> s2.split(None)
['I', 'like', 'to', 'eat', 'fruit']
>>> 'abc,,,de,,f'.split(',')      #指定分隔符，会保留切分得到的空字符串
['abc', '', '', 'de', '', 'f']
>>> 'abc\t\t\tde\t\tf'.split('\t')
['abc', '', '', 'de', '', 'f']
>>> 'abc   de  tf'.split('')
['abc', '', '', 'de', '', 'tf']
>>> 'abc   de  tf'.split()
['abc', 'de', 'tf']
```

② maxsplit：分隔次数。默认的"-1,"即分隔所有。如果存在参数 maxsplit 且非-1 时，则将字符串分隔成 maxsplit+1 个子字符串，但是如果最大分隔次数大于可分隔次数时则无效。

限定分隔次数后，字符串拆分方法示例如下：

```
>>> s='\n\nIt\t\t is \n\n sunny today'
>>> s.split()
['It', 'is', 'sunny', 'today']
>>> s.split(None,1)              #不指定分隔符，使用空白字符作为分隔符，分隔 1 次
['It', 'is \n\n sunny today']
>>> s.split(None,2)
['It', 'is', 'sunny today']
>>> s.split(None,100)            #最大分隔次数大于可分隔次数时无效
['It', 'is', 'sunny', 'today']
```

【例 3-13】输入一个字符串，将其中所有字母"a"替换为"x"。

```
#例 3-13
s =input('输入一个字符串: ')
s =s.replace('a','x')
print(s)
```

运行结果如下：

```
输入一个字符串: apple,rabbit,banana
xpple,rxbbit,bxnxnx
```

【例 3-14】输入一个字符串，倒序输出。

```
#例 3-14
s1 = input('输入一个字符串: ')
s2=sorted(s1,reverse=True)
s3=''.join(s2)
print('输入的字符串是: {}'.format(s1))
print('倒序后得到列表: {}'.format(s2))
print('倒序后字符串是: {}'.format(s3))
```

运行结果如下：

```
输入一个字符串: abcdef
输入的字符串是: abcdef
倒序后得到列表: ['f', 'e', 'd', 'c', 'b', 'a']
倒序后字符串是: fedcba
```

【例 3-15】输入任意三个英文单词，按字典顺序输出。

```
#例 3-15
s = input('请输入三个英文单词: ')
s1, s2, s3 = sorted(s.split(','))
print(s1, s2, s3)
```

运行结果如下：

```
请输入三个英文单词: pear,orange,apple
apple orange pear
```

在 Python 中，sorted()是一个内置函数，用于对可迭代对象（如字符串、列表、元组等）

进行排序操作。它返回一个新的已排序的列表，不会修改原始对象的值。

【例3-16】编写程序，从用户给定字符串中查找某指定的字符。

```
#例3-16
c = input('输入一个字符: ')
str = input('输入一个字符串: ')
pos = str.find(c)
if pos == -1:
print('Not Found')
else:
print('index = {}'.format(pos))
```

运行结果如下：

```
输入一个字符: y
输入一个字符串: python
index = 1
```

【例3-17】输入一个字符串，将字符串里所有的字符转换成Unicode编码值比它们小1的字符。

```
#例3-17
str1=input('输入一个字符串: ')
for i in range(len(str1)):
    print(chr (ord(str1[i])-1),end='')
```

运行结果如下：

```
输入一个字符串: cdefg
bcdef
```

3.4 字符串类型的格式化

format()是一种字符串格式化方法，该方法把字符串当成一个模板，通过传入的参数进行格式化，并且使用大括号"{}"和":"作为特殊字符代替"%"。使用 format()方法可以很方便地对字符串进行格式化输出，下面具体介绍 format()方法的使用。

3.4.1 format()方法的基本使用

format()方法的格式：

<字符串模板>.format(<参数 1>, <参数 2>…)

字符串模板是一个由字符串和槽组成的字符串，用来控制字符串和变量的显示效果，其中槽用大括号"{}"表示，对应 format()方法中用逗号分隔的参数。例如：

```
>>> "my {} is {}".format("age",18)
'my age is 18'
```

format()方法不需要关注数据类型，可以有一个或多个类型不同的对象参数。在例子中，字符串模板"my {} is {}"有两个槽{}，分别对应 format 的参数"age"和18。这里 format 的功能是用参数"age"和 18 按默认顺序替换字符串模板中的两个{}，最后返回一个新的字符串"my age is 18"。

字符串 format()方法的对象参数与字符串模板中槽{}的匹配方式有以下几种。

（1）按位置顺序匹配

按位置顺序匹配时，字符串模板{}内不带序号。如果模板字符串中有多个{}，按照{}出现的顺序分别与 format 方法中的参数一一对应，并用这些参数替换字符串模板中相应的{}，返回一个新的字符串。例如：

```
>>> 'hello {}, my name is {}'.format('Jack', 'Tom')
'hello Jack, my name is Tom'
>>> 'my name is {}, age {}'.format('Xiaofang',16)
'my name is Xiaofang, age 16'
```

（2）按自定义序号顺序匹配

format()参数列表中参数的编号从 0 开始。

按自定义序号顺序匹配时，字符串模板{}内带数字序号，即"{1}""{2}"等，序号顺序可以调换，将参数列表中参数按编号顺序和字符串模板{}中的序号相匹配，并做相应替换返回新字符串。参数列表中同一个参数也可以填充多次。例如：

```
>>> "My name is {1}, age is {0}".format(18, "Tom")      #带数字序号
'My name is Tom, age is 18'
>>> '{0} {1} {0}'.format('apple','苹果')       #打乱顺序,同一个参数填充多次
'apple 苹果 apple'
>>> '{1} {1} {0}'.format('apple','苹果')
'苹果 苹果 apple'
```

（3）按关键字匹配

按关键字匹配时，字符串模板{}内带关键字，用参数列表中对应的关键字参数替换字符串模板中的{}，返回新串。例如：

```
>>> 'name is {name}, age is {age}'.format(age=19,name='Zhangsan')
'name is Zhangsan, age is 19'
>>> '{a} {b} {a}'.format(a='apple',b='苹果')
'apple 苹果 apple'
```

说明： "{}"转义用法如下。

在 Python 字符串格式化方式的百分号（%）方式中，用"%%"转义"%"。而在 format 方式中，用双花括号可以实现转义，即用"{{"来转义"{"，用"}}"来转义"}"，例如：

```
>>> '{{Python}} {{{0}}}'.format('程序')
'{Python} {程序}'
```

3.4.2 format()方法的格式控制

format()方法中字符串模板的槽{}除了可以包含参数序号外，还可以包含格式控制信息，二者中间用冒号隔开。format()方法中字符串模板的槽的内部样式如下：

{<参数序号>: <格式控制标记>}

其中，:为引导符号，格式控制标记用来控制参数显示时的格式，如表 3-12 所示。格式控制标记包括<填充><对齐><宽度><,><.精度><类型>6 个字段，这些字段都是可选的，可以组

合使用。下面介绍这些格式控制标记的使用方法。

表 3-12　Python 的 format() 方法可以使用的格式控制标记

标记	<填充>	<对齐>	<宽度>	<,>	<.精度>	<类型>
说明	用于填充的单个字符，默认为空格	<：左对齐 >：右对齐 ^：居中	输出宽度	数字千位分隔符，适用于整数和浮点数	浮点数小数位数或字符串最大输出长度	c：Unicode 字符 d：十进制整数 b/o/x/X：二/八/十六进制整数 e/E：浮点数指数格式 f：浮点数标准格式 %：百分数格式

（1）<填充><对齐>和<宽度>主要用于控制输出数据的显示格式

① 冒号后面如果有填充字符，只能是一个字符，不指定则默认是用空格填充，填充常跟对齐一起使用。

② 对齐字段可以使用<、>、^三个符号，分别表示左对齐、右对齐和居中。

③ 宽度是当前槽设定的输出字符宽度。如果该槽对应的参数的实际输出宽度值比槽里宽度设定值大，则使用参数实际长度。如果对应参数的实际输出宽度小于槽指定宽度，则按照对齐指定方式在宽度内对齐，默认以空格字符补充。

format() 方法<填充><对齐>和<宽度>格式控制示例如下：

```
>>> s1=3.1415
>>> s2='Python'
>>> "{:25}".format(s1)            #参数为数字，默认右对齐
'                   3.1415'
>>> "{:25}".format(s2)            #参数为字符串，默认左对齐
'Python                   '
>>> "{:>25}".format(s2)           #右对齐
'                   Python'
>>> "{:^25}".format(s2)           #居中对齐
'         Python          '
>>> "{:#^25}".format(s2)          #居中对齐且填充#号
'#########Python##########'
>>> "{:*^25}".format(s2)          #居中对齐且填充*号
'*********Python**********'
>>> "{:5}".format(s2)             #指定宽度为5，s2实际宽度为6，按实际宽度输出
'Python'
```

（2）<,>用于显示数字的千位分隔符

例如：

```
>>> "{:20,}".format(1234567890)
'       1,234,567,890'
>>> "{:#^20,}".format(1234567890)
'###1,234,567,890####'
>>> "{:#^20}".format(1234567890)       #对比输出
'#####1234567890#####'
```

（3）<.精度>和<类型>设置数值本身的输出格式

① <.精度>由小数点"."开头，表示两个含义：对于浮点数，精度表示小数部分输出的有效位数；对于字符串，精度表示输出的最大长度，例如：

```
>>> "{:.2f}".format(12345.67890)          #保留小数点后 2 位数字
'12345.68'
>>> "{:25.2f}".format(12345.67890)
'                  12345.68'
>>> "{:#^25.2f}".format(12345.67890)
'########12345.68#########'
>>> "{:.2}".format("Python")              #输出的最大长度 2 位
'Py'
>>> "{:25.2}".format("Python")
'Py                       '
```

② <类型>表示输出整数和浮点数类型的格式规则。

对于整数类型，包括以下六种整数格式。

c: 字符，将整数转换为相应的 Unicode 字符；

d: 十进制格式，输出以 10 为基数的数字；

b: 二进制格式，输出以 2 为基数的数字；

o: 八进制格式，输出以 8 为基数的数字；

x: 十六进制格式，输出以 16 为基数的数字，使用小写字母表示 9 以上的数码；

X: 十六进制格式，输出以 16 为基数的数字，使用大写字母表示 9 以上的数码。

format()方法数制转换格式示例如下：

```
>>> "{0:c},{0:d},{0:b},{0:o},{0:x},{0:X}".format(42)
'*,42,101010,52,2a,2A'
```

也可以在输出类型说明符前面加符号"#"。对于二进制数、八进制数和十六进制数，使用符号"#"后，输出的结果会分别显示 0b、0o、0x、0X 前缀。例如：

```
>>> "{0:#d},{0:#b},{0:#o},{0:#x},{0:#X}".format(42)
'42,0b101010,0o52,0x2a,0X2A'
```

对于浮点数类型，包括以下三种常用输出格式。

e: 浮点数对应的指数格式，e 用小写字母；

E: 浮点数对应的指数格式，E 用大写字母；

f: 浮点数的标准浮点格式，默认保留小数点后 6 位。

%是百分数格式，将数值乘以 100 然后以 f 格式输出，值后面会有一个百分号。

format()方法浮点数格式设置示例如下：

```
>>> "{0:e},{0:E},{0:f},{0:%}".format(1234.5678)
'1.234568e+03,1.234568E+03,1234.567800,123456.780000%'
>>> "{0:.2e},{0:.2E},{0:.2f},{0:.2%}".format(1234.5678)
'1.23e+03,1.23E+03,1234.57,123456.78%'
>>> "{:@^20,.2f}".format(1234.5678)
'@@@@@@1,234.57@@@@@@'
>>> "{:+.2f}".format(3.14159)              #参数+表示必须输出符号，正数前加+，负数前加-
```

```
'+3.14'
>>> "{:+.2f}".format(-3.14159)
'-3.14'
>>> "{:-.2f}".format(3.14159)        #参数-表示正数前不加+，负数前加-
'3.14'
>>> "{:-.2f}".format(-3.14159)
'-3.14'
>>> "{: .2f}".format(3.14159)        #参数空格表示正数前加空格，负数前加负号
' 3.14'
>>> "{: .2f}".format(-3.14159)
'-3.14'
>>> "{:=20.2f}".format(-3.14159)     #参数=表示将数据右对齐，同时将符号放置在填充内容
                                       的最左侧，该参数只对数字类型有效
'-               3.14'
>>> "{:=20.2f}".format(3.14159)
'               3.14'
>>> "{:=+20.2f}".format(3.14159)
'+               3.14'
>>> "{:@=+20.2f}".format(3.14159)
'+@@@@@@@@@@@@@@3.14'
```

3.4.3　Python 格式化字符串 f-string

　　f-string，亦称格式化字符串常量（formatted string literals），是从 Python 3.6.x 开始支持的一种新的字符串格式化方法，该方法主要目的是使格式化字符串的操作更加简便。f-string 在形式上以 f 或 F 修饰符引领字符串（f'xxx' 或 F'xxx'），用大括号{}标明被替换的字段，其中直接填入替换内容。f-string 含义与字符串对象 format()方法类似。

　　Python 格式化字符串 f-string 方法简单使用示例如下：

```
>>> name='Jack'
>>> age=18
>>> res1=f"姓名: {name}, 年龄: {age}"
>>> print(res1)
姓名: Jack, 年龄: 18
>>> m,n=10,20
>>> res2 = F"m+n 的值: {m+n}"
>>> print(res2)
m+n 的值: 30
>>> f'The result is {3 * 5 +54}'
'The result is 69'
>>> a=31.415926
>>> f'a is {a:8.2f}'
'a is    31.42'
```

```
>>> f'a is {a:08.2f}'
'a is 00031.42'
>>> f'a is {a:8.2e}'
'a is 3.14e+01'
>>> f'a is {a:8.2%}'
'a is 3141.59%'
>>> t=123456789
>>> f't is {t:^#20X}'      #居中对齐, 宽度 20, 十六进制整数 (大写字母), 显示 0X 前缀
't is       0X75BCD15       '
>>> f't is {t:@^#20X}'
't is @@@@@0X75BCD15@@@@@@@'
>>> k=1234.56789
>>> f'k is {k:<+20.2f}' #左对齐, 宽度 20, 显示正号+, f 格式, 2 位小数
'k is +1234.57           '
>>> f'k is {k:@<+20.2f}'
'k is +1234.57@@@@@@@@@@@@'
```

3.5　类型判断和类型间转换

3.5.1　数据类型判断

Python 可以通过 type()函数检测变量的类型, 可通过类型名直接进行比较。例如:

```
>>> type(100)
<class 'int'>
>>> type(100)==type(3.14)
False
>>> type(100)==int
True
>>> type(100) is int
True
>>> type(100) is str
False
```

3.5.2　数据类型转换

Python 数据类型转换就是将数据由当前类型变化为其他类型的操作。数据类型转换分为以下两种。

（1）自动转换

又称隐式类型转换, 指程序根据运算要求进行的转换, 不需要人工干预。

① 自动类型转换不需要人工干预。

② 自动类型转换大多发生在运算或者判断过程中。

③ 转换时向着更加精确的类型转换。

自动类型转换示例如下:

```
>>> a=10
>>> b=3.14
>>> c=a+b
>>> c
13.14
>>> type(a)
<class 'int'>
>>> type(b)
<class 'float'>
>>> type(c)
<class 'float'>
>>> d=10/2     #对于 Python 3.x, 除法运算不管操作数有没有浮点数, 都是浮点数除法
>>> d
5.0
>>> type(d)
<class 'float'>
```

（2）强制转换

又称显式类型转换，根据程序需要，由编写程序人员人为改变数据类型。

进行显式类型转换时，需要将数据类型作为函数名，常用的数据类型函数如表 3-13 所示。

表 3-13　Python 常用数据类型函数

函数	说明
int(x)	将 x 转换为整数
float(x)	将 x 转换为浮点数
complex(x,y)	将 x、y 转换为复数，其中实部为 x，虚部为 y
str(x)	将 x 转换为字符串

强制类型转换示例如下:

```
>>> int(3.14)
3
>>> int('34')
34
>>> int('3.14')   #转换的数字串中不能包含小数点, 否则会出错
Traceback (most recent call last):
  File "<pyshell#23>", line 1, in <module>
    int('3.14')   #转换的数字串中不能包含小数点
ValueError: invalid literal for int() with base 10: '3.14'
>>> float(34)
34.0
```

```
>>> float('3.14')
3.14
>>> float('s')    #转换的字符串必须是数字串，否则会出错
Traceback (most recent call last):
  File "<pyshell#26>", line 1, in <module>
    float('s') #转换的字符串必须是数字串
ValueError: could not convert string to float: 's'
>>> complex(3,4)
(3+4j)
>>> complex(3)    #第一个参数为数字，第二个参数可以省略
(3+0j)
>>> complex('3') #第一个参数为字符串，不能有第二个参数，否则会出错
(3+0j)
>>> complex('3','4')
Traceback (most recent call last):
  File "<pyshell#42>", line 1, in <module>
    complex('3','4')
TypeError: complex() can't take second arg if first is a string
>>> complex('3+4j')  #字符串中"+"号两边不能有空格，否则会出错
(3+4j)
>>> str(3.14)
'3.14'
```

【例 3-18】输入一个正整数，计算其各个位的数字之和。

```
#例 3-18
n = input('输入一个正整数: ')
sum = 0
for i in n:
    sum = sum + int(i)
print(sum)
```

运行结果如下：

```
输入一个正整数: 13579
25
```

 习题

一、选择题

二、填空题

1. 表达式 chr(ord('D')+2)的值为＿＿＿＿＿＿＿。

2. 表达式 int('123')的值为＿＿＿＿＿＿＿。

3. Python 3.x 中，语句 print(1, 2, 3, sep=':')的输出结果为＿＿＿＿＿＿＿。

4. Python 内置函数＿＿＿＿＿＿＿用来返回序列中的最大元素。

5. Python 内置函数＿＿＿＿＿＿＿用来返回序列中的最小元素。

6. 表达式 chr(ord('a')-32) 的值为＿＿＿＿＿＿＿。

7. 表达式'abc' in 'abdcefg'的值为＿＿＿＿＿＿＿。

8. 表达式 chr(ord('A')+1)的值为＿＿＿＿＿＿＿。

9. 表达式 int(str(34)) ==34 的值为＿＿＿＿＿＿＿。

10. 表达式'The first:{1}, the second is {0}'.format(65,97)的值为＿＿＿＿＿＿＿。

11. 表达式'abcabcabc'.index('abc')的值为＿＿＿＿＿＿＿。

12. 表达式'Hello world. I like Python.'.rfind('python')的值为＿＿＿＿＿＿＿。

13. 表达式'abcabcabc'.count('abc')的值为＿＿＿＿＿＿＿。

14. 表达式'apple.peach,banana,pear'.find('p')的值为＿＿＿＿＿＿＿。

15. 表达式'Hello world'.upper()的值为＿＿＿＿＿＿＿。

16. 表达式'Hello world'.lower()的值为＿＿＿＿＿＿＿。

17. 表达式 r'c:\\windows\\notepad.exe'.endswith('.exe')的值为＿＿＿＿＿＿＿。

18. 表达式'a'+'b' 的值为＿＿＿＿＿＿＿。

19. 表达式'Hello world!'[-4]的值为＿＿＿＿＿＿＿。

20. 表达式'Hello world!'[-4:]的值为＿＿＿＿＿＿＿。

21. 当在字符串前加上小写字母＿＿＿＿＿＿＿或大写字母＿＿＿＿＿＿＿表示原始字符串，不对其中的任何字符进行转义。

22. 表达式'abcab'.replace('a','yy')的值为＿＿＿＿＿＿＿。

23. 已知字符串 x='hello world'，那么执行语句 x.replace('hello', 'hi')之后，x 的值为＿＿＿＿＿＿＿。

24. 表达式'abcab'.strip('ab')的值为＿＿＿＿＿＿＿。

25. 表达式'abc10'.isalnum()的值为＿＿＿＿＿＿＿。

三、程序填空题

1. 键盘输入正整数 n，按要求把 n 输出到屏幕，格式要求：宽度为 20 个字符，减号字符"-"填充，右对齐，带千位分隔符。如果输入正整数超过 20 位，则按照真实长度输出。

例如：键盘输入正整数 n 为 1234，屏幕输出"---------------1,234"。

```
n=eval(input("请输入正整数:"))
print("{_____}".format(n))
```

2. 键盘输入字符串 s，按要求把 s 输出到屏幕，格式要求：宽度为 20 个字符，等号字符"="填充，居中对齐。如果输入字符串超过 20 位，则全部输出。

例如：键盘输入字符串 s 为"PYTHON"，屏幕输出"=======PYTHON======="。

```
s=input("请输入一个字符串:")
print("{_____}".format(s))
```

四、编程题

1. 编写一个程序，用户输入一个字符串，输出用户输入的最后一个字符。

2. 用户输入一个字符串，倒序输出。

3. 假设有一段英文，其中有单独的字母"H"误写为"h"，请编写程序进行纠正。

第❹章
程序的控制结构

 学习目标

- 了解程序的基本结构并绘制流程图。
- 掌握程序的分支结构。
- 运用 if、if-else 及 if-elif-else 语句实现分支结构。
- 掌握程序的循环结构。
- 运用 for 语句和 while 语句实现循环结构。
- 掌握程序的嵌套结构。
- 了解程序的异常处理及方法。

4.1 程序的三种控制结构

4.1.1 程序流程图

程序流程图是用规定的符号描述一个专用程序中所需要的各项操作或判断的图示。这种流程图着重说明程序的逻辑性与处理顺序,具体描述了计算机解题的逻辑及步骤,是程序分析和过程描述的最基本方法。

程序流程图由处理框、判断框、起止框、数据连接点、流程线、注释框等构成(如图 4-1),再结合相应的算法,构成整个程序流程图(如图 4-2)。

处理框:具有处理功能,对应于顺序执行的程序逻辑;

判断框:具有条件判断功能,判断一个条件是否成立,并根据判断结果选择不同的执行路径;

起止框:表示程序的开始或结束;

数据：表示数据的输入或输出；

连接点：表示多个流程图的连接方式，常用于将多个小流程图组织成较大流程图；

流程线：以带箭头的直线或曲线表示程序执行的路径和方向；

注释框：用于对流程图中某些框的操作做必要的补充说明，增加对程序的解释。

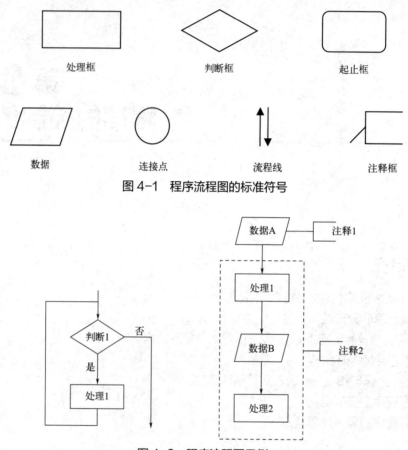

图 4-1　程序流程图的标准符号

图 4-2　程序流程图示例

4.1.2　程序控制结构基础

程序可以分为三种基本结构：顺序结构、分支结构和循环结构。这些基本结构都有一个入口和一个出口。这三种基本结构可以组成各种复杂程序。

4.1.3　程序控制结构扩展

在三种基本控制逻辑基础上，Python 语言进行了必要且适当的扩展。在分支结构原理的基础上，Python 增加了异常处理，使用 try-except 保留字。异常处理以程序是否异常为判断条件，根据一段代码执行的正确性进行程序逻辑选择，异常处理是分支结构的一种扩展。在循环结构原理的基础上，Python 提供了两个循环控制符 break 和 continue，对循环的执行过程进行控制。break 控制符用来结束当前循环，continue 控制符用来结束当前循环的当次循环过程。

4.2 关系运算符和关系表达式

关系运算符即比较运算符，是对运算符两边的操作数进行比较。如果比较结果为真，则返回 True，否则返回 False。操作数可以是常量、变量、算术表达式、关系表达式、逻辑表达式、赋值表达式等。由关系运算符连接两个操作数的式子称为关系表达。所有的关系运算符均为双目运算。

Python 提供了 6 个关系运算符。关系运算符的运算规则如表 4-1 所示。

表 4-1　关系运算符

运算符	说明	示例	结果
==	等于	5 == 3	False
!=	不等于	5 != 3	True
>	大于	5 > 3	True
>=	大于等于	5 >= 3	True
<	小于	5 < 3	False
<=	小于等于	5 <= 3	False

【例 4-1】关系运算符的使用。

```
>>> print(1 == 1)
True
>>> print(1 == 3)
False
>>> print(1 == True)
True
>>> print(1.0 == True)
True
>>> print(0 == False)
True
>>> print(0.0 == False)
True
>>> print(0.0 +0.0j == False)
True
```

【例 4-2】Python 允许将连续的多个比较进行缩写。

```
>>> a, b, c = 1, 3, 5
>>> a < b < c          #等价于 a < b and b < c
True
>>> a == b < c         #等价于 a == b and b < c
False
>>> a < b > c          #等价于 a < b and b > c
False
```

在 Python 语言中，所有的关系运算符的优先级别都相同。关系运算符的优先级低于算术运算符，高于赋值运算符。

【例4-3】关系运算符的优先级别。

```
>>> a, b, c, d = 3, 5, 7, 9
>>> a + b > c + d
False
>>> (a > b) > (c > d)
False
```

4.3 逻辑运算符和逻辑表达式

逻辑运算符用于关系表达式或逻辑表达式，由逻辑运算符连接的式子称为逻辑表达式，被连接的表达式通常为关系表达式或逻辑表达式。若表达式为真，则结果为 True，否则结果为 False。逻辑运算符用来表示数学中的"与""或""非"运算。

Python 提供了 3 个逻辑运算符，逻辑运算符的运算规则如表 4-2 所示。

表 4-2　逻辑运算符

运算符	说明	示例	结果
and	与	a and b	如果 a 的布尔值为 True，返回 b，否则返回 a
or	或	a or b	如果 a 的布尔值为 True，返回 a，否则返回 b
not	非	not a	a 的布尔值为 False，返回 True；a 的布尔值为 True，返回 False

在表 4-2 中，若 a、b 为表达式，通常是使用关系表达式的结果作为逻辑运算的操作数。

【例4-4】逻辑运算符的使用。

```
>>> 0 and 3
0
>>> False and 3
False
>>> 1 and 3
3
>>> 1 or 3
1
>>> True or 3
True
>>> 0 or 3
3
>>> (4 <= 5 ) and (4>=3)
True
>>> (4 >= 5) or (4<=3)
False
>>> not 3
False
```

在逻辑表达式的计算中，并不是所有的逻辑运算符都要被执行，如果表达式的值已经确定了，则后面的逻辑运算符不会被执行。

（1）a and b

如果 a 为真，则 b 的值将决定整个逻辑表达式的值；若 a 为假，则 b 的值无论真假，整个逻辑表达式的值均为假，此时 b 表达式的值将不再计算。

（2）a or b

如果 a 为假，则 b 的值将决定整个逻辑表达式的值；若 a 为真，则 b 的值无论真假，整个表达式的值均为真，此时 b 表达式的值将不再计算。

【例 4-5】逻辑运算符的特例。

```
>>> True and 0
0
>>> False and (4>=3)    # (4>=3) 不被执行
False
>>> False or 3
3
>>> True or (3<=4)      # (3<=4) 不被执行
True
```

在 Python 语言中，逻辑运算符的优先级别为 not＞and＞or，逻辑运算符的优先级整体低于算术运算符和关系运算符。

【例 4-6】逻辑运算符的优先级别。

```
>>> x = True
>>> y = False
>>> z = False
>>> not x or not y and z
False
>>> a > b and a > c or b != c
True
```

4.4 程序的顺序结构

顺序结构是比较简单的一种结构，也是常见的一种结构，其语句是按照位置顺序执行的。顺序结构的程序只有一个入口和一个出口，程序沿一个方向进行。顺序结构流程图见图 4-3。

【例 4-7】编写程序，输入长方形的边长 a、b，计算长方形的面积 s。

图 4-3　顺序结构流程图

参考代码如下：

```
#ex4-7.py
#计算长方形的面积
a,b = eval(input("请输入长方形的边长，用逗号间隔: "))
s = a * b
print("长方形的面积为: ",s)
```

程序运行结果如下：

请输入长方形的边长，用逗号间隔: 3.5,5

长方形的面积为：17.5

【例 4-8】 编写程序，输入 3 个数，输出其平均值。

参考代码如下：

```
#ex4-8.py
#求平均值
a,b,c=eval(input("请输入三个数,用逗号间隔: "))
aver=(a+b+c)/3
print(round(aver,2))    #round(aver,2)保留 2 位小数
```

程序运行结果如下：

```
请输入长方形的边长,用逗号间隔: 3,5,8
5.33
```

【例 4-9】 编写程序，输入三角形的三边长（假设满足三角形构成条件），计算并输出三角形的面积。

分析：设三角形的三边长为 a、b、c，则三角形的面积公式为：

$$area=\sqrt{s(s-a)(s-b)(s-c)}$$

其中 $s=(a+b+c)/2$。

参考代码如下：

```
#ex4-9.py
#求三角形面积
import math
a,b,c=eval(input("请输入三角形的三边长, 用逗号间隔: "))
s=(a+b+c)/2
area=(s*(s-a)*(s-b)*(s-c))**0.5
print("三角形的面积为: ",round(area,2))
```

程序运行结果如下：

```
请输入三角形的三边长,用逗号间隔: 3.4,4.5,6
三角形的面积为: 7.58
```

【例 4-10】 编写程序，输入两个两位的正整数，要求把这两个正整数重新组合后输出。

例如：a=35，b=46，经过重新组合后 c=3456，并输出。

分析：利用整除和求余数运算符分别求出整数 a、b 的十位和个位数，重新组合成 c。

参考代码如下：

```
#ex4-10.py
#正整数重组
a,b=eval(input("请输入两个正整数, 用逗号间隔: "))
c=a//10*1000+b//10*100+a%10*10+b%10
print(c)
```

程序运行结果如下：

```
请输入两个正整数,用逗号间隔: 35,46
3456
```

4.5 程序的分支结构

分支结构又称为选择结构，是根据指定的条件来选择所要执行的操作，是程序设计中非常重要的控制结构。Python 中提供了单分支结构、二分支结构和多分支结构。

4.5.1 单分支结构：if 语句

单分支结构是最简单的选择结构，Python 用 if 语句来描述单分支结构。其一般格式为：

if <条件表达式>**:**
    <语句块>

if 语句的执行流程如图 4-4 所示。

说明：

① if、":"和<语句块>前的缩进都是语法的一部分；

② <条件表达式>可以是关系表达式、逻辑表达式等任意类型表达式；

③ Python 中所有非 0 值均表示 True，当<条件表达式>为 True 时，执行<语句块>，否则不执行任何操作；

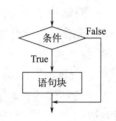

图 4-4　单分支结构流程图

④ <语句块>是 if 条件满足后执行的一个或多个语句序列；

⑤ 缩进表示<语句块>与 if 的包含关系，相对于 if 的位置，缩进为 4 个字符，语句块为多条语句时，缩进要一致。

【例 4-11】编写程序，输入一个整数，若是奇数，则输出"此数是奇数"，否则无输出。

参考代码如下：

```
#ex4-11.py
#单分支输出"此数是奇数"
x = eval(input("请输入一个整数: "))
if x % 2 == 1:
    print("此数是奇数")
```

输入一个奇数，程序运行结果如下：

```
请输入一个整数: 5
此数是奇数
```

输入一个偶数，程序运行结果如下：

```
请输入一个整数: 8
```

【例 4-12】编写程序，输入两个整数 x、y，将这两个整数由小到大输出。

参考代码如下：

```
#ex4-12.py
#两个数排序
x,y= eval(input("请输入两个整数，用逗号间隔: "))
if x > y:
    x,y=y,x
print(x,y)
```

程序运行结果如下：

```
请输入两个整数，用逗号间隔：5,3
3 5
```

4.5.2 二分支结构：if-else 语句

二分支结构（双分支结构）是程序中比较常用的一种结构，Python 的 if-else 语句用来描述二分支结构。其一般格式为：

if <条件表达式>:
    <语句块 **1**>
else:
    <语句块 **2**>

if-else 语句的执行流程如图 4-5 所示。

说明：

① if、else、":" 和<语句块>前的缩进都是语法的一部分；

② <条件表达式>可以是关系表达式、逻辑表达式等任意类型表达式；

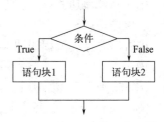

图 4-5　双分支结构流程图

③ Python 中所有非 0 值均表示 True，当<条件表达式>为 True 时，执行<语句块 1>；数值 0、空字符串、空元组、空列表、空字典的布尔值均为 False，当<条件表达式>为 False 时，执行<语句块 2>；

④ <语句块 1><语句块 2>均可为一个或多个语句序列；

⑤ 缩进要求同单分支结构。

【例 4-13】编写程序，输入一个整数，判断此数为奇数或者偶数。

参考代码如下：

```
#ex4-13.py
#二分支输出奇数或偶数
x = eval(input("请输入一个整数: "))
if x % 2 == 1:
    print("此数是奇数")
else:
    print("此数是偶数")
```

输入整数 6，程序运行结果如下：

```
请输入一个整数: 6
此数是偶数
```

输入整数 7，程序运行结果如下：

```
请输入一个整数: 7
此数是奇数
```

【例 4-14】编写程序，计算分段函数：

$$y = \begin{cases} x^2 - 2x + 3 & x < 1 \\ \sqrt{x-1} & x \geq 1 \end{cases}$$

参考代码如下：

```
#ex4-14.py
#二分支计算分段函数
x = eval(input("请输入一个数: "))
if x < 1:
    y = x ** 2 - 2 * x + 3
else:
    y = (x - 1) ** 0.5
print(y)
```

输入"-2",程序运行结果如下:

```
请输入一个数: -2
11
```

输入"5",程序运行结果如下:

```
请输入一个数: 5
2.0
```

【例4-15】编写程序,判断输入的年份是否为闰年。

分析:闰年判断方法为看输入年份能否被 4 整除而不能被 100 整除,或者年份能否被 400整除。

参考代码如下:

```
#ex4-15.py
#闰年
year = eval(input("请输入年份: "))
if year%4==0 and year%100!=0 or year%400==0:
    print("此年份是闰年! ");
else:
    print("此年份不是闰年! ");
```

输入年份"2022",程序运行结果如下:

```
请输入年份: 2022
此年份不是闰年!
```

输入年份"1980",程序运行结果如下:

```
请输入年份: 1980
此年份是闰年!
```

二分支结构还有一种更为紧凑简洁的表达方式,适合通过判断返回特定值,其一般格式为:

<表达式 1> if <条件表达式> else <表达式 2>

其中,<表达式 1> <表达式 2>一般是数字类型或字符串类型的一个值。

【例4-16】编写程序,输入一个整数,判断此数为奇数或者偶数,用 if-else 的紧凑结构实现。

参考代码如下:

```
#ex4-16.py
#奇偶数判断的 if-else 紧凑结构
x = eval(input("请输入一个整数: "))
print("此数是{}".format("奇数" if x%2==1 else "偶数"))
```

程序运行结果如下：

请输入一个整数：7
此数是奇数

4.5.3　多分支结构：if-elif-else 语句

多分支结构是二分支结构的扩展，以实现复杂的逻辑。Python 的 if-elif-else 语句用来描述多分支结构。其一般格式为：

if　<条件表达式 1>:

　　<语句块 1>

elif　<条件表达式 2>:

　　<语句块 2>

　　…

elif　<条件表达式 n>:

　　<语句块 n>

else:

　　<语句块 $n+1$>

if-elif-else 语句的执行流程如图 4-6 所示。

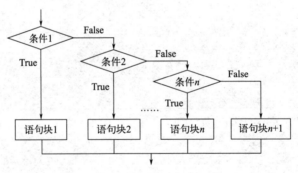

图 4-6　多分支结构流程图

说明：

① if、elif、else、"："和<语句块>前的缩进都是语法的一部分；

② <条件表达式>可以是关系表达式、逻辑表达式等任意类型表达式；

③ 多分支结构相当于设置同一个判断条件的多条执行路径：当<条件表达式 1>的结果为 True 时，执行其后的<语句块 1>，结束 if-elif-else 结构；若<条件表达式 1>的结果为 False 时，则继续判断 elif 后的<条件表达式 2>，以此类推；如果所有条件表达式均不成立，则执行 else 部分的<语句块 $n+1$>；

④ else 子句是可选的；

⑤ <语句块 1> <语句块 2>……<语句块 $n+1$>均可为一个或多个语句序列；

⑥ 缩进要求同单分支结构。

【例 4-17】编写程序，计算下面的分段函数。

$$y = \begin{cases} x-1 & -10 \leqslant x < 0 \\ x & x = 0 \\ x+1 & 0 < x \leqslant 10 \end{cases}$$

参考代码如下：

```
#ex4-17.py
#分段函数计算
x = eval(input("请输入一个-10~10 的数: "))
if -10<=x<0:
    y=x-1
    print(y)
elif x==0:
    y=x
    print(y)
elif 0<x<=10:
    y=x+1
    print(y)
else:
    print("输入数据有误。")
```

输入"6"，程序运行结果如下：

```
请输入一个-10～10 的数: 6
7
```

输入"123"，程序运行结果如下：

```
请输入一个-10～10 的数: 123
输入数据有误。
```

【例4-18】编写程序，将键盘输入的百分制成绩转换为五分制，并输出。

规则：90~100 分，优秀；80~89 分，良好；70~79 分，中等；60~69 分，及格；60 以下，不及格；其他成绩提示输入错误。

参考代码如下：

```
#ex4-18.py
#百分制成绩转换
score=eval(input("请输入学生成绩: "))
if score>100 or score<0:
    print("输入成绩有误")
elif score>=90:
    print("优秀")
elif score>=80:
    print("良好")
elif score>=70:
    print("中等")
elif score>=60:
    print("及格")
```

```
else:
    print("不及格")
```

输入"98"，程序运行结果如下：

```
请输入学生成绩: 98
优秀
```

输入"−5"，程序运行结果如下：

```
请输入学生成绩: −5
输入成绩有误
```

【例 4-19】编写程序，求一元二次方程 $ax^2 + bx + c = 0$ 的实数根。

分析：

① $b^2 - 4ac = 0$ ，方程有两个相等实根；

② $b^2 - 4ac > 0$ ，方程有两个不相等实根；

③ $b^2 - 4ac < 0$ ，方程无实根。

参考代码如下：

```
#ex4-19.py
#一元二次方程求根
a,b,c=eval(input("输入 a,b,c 的值，用逗号间隔: "))
disc=b**2-4*a*c
if disc>0:
    x1=(-b+(b**2-4*a*c)**0.5)/(2*a)
    x2=(-b-(b**2-4*a*c)**0.5)/(2*a)
    print("方程有两个不相等的实根: {}和{}".format(x1,x2))
elif disc==0:
    x1=x2=-b/(2*a)
    print("方程有两个相等的实根: {}".format(x1))
else:
    print("方程无实根。")
```

程序运行结果如下：

```
输入 a,b,c 的值，用逗号间隔: 1,2,1
方程有两个相等的实根: -1.0

输入 a,b,c 的值，用逗号间隔: 1,-4,3
方程有两个不相等的实根: 3.0和1.0

输入 a,b,c 的值，用逗号间隔: 4,1,3
方程无实根。
```

4.6 程序的循环结构

循环结构是一种让指定的语句块按给定的条件重复执行多次的结构。在实际应用中，当碰到需要多次重复地执行一个或多个任务时，可考虑使用循环结构来解决。通常给定的条件称为循环条件，执行的语句块称为循环体。Python 提供了 for 语句和 while 语句两种形式的循环结构。for 循环为确定次数的循环，while 循环为非确定次数的循环。

4.6.1 遍历循环：for 语句

for 语句可以循环遍历任何序列中的元素，如列表、元组、字符串等，其语法格式如下：

for <变量> **in** <序列对象>**:**

    <循环体>

for 语句的执行流程如图 4-7 所示。

说明：

① for、in 为关键字；

② 冒号 ":" 不能缺省；

③ <变量>是每次从序列中取出的一个元素，用于控制循环次数；

④ <序列对象>一般为字符串、列表、元组、集合、文件等；

⑤ <循环体>中的语句为重复执行的部分，若有多条语句，缩进时要对齐；

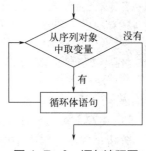

图 4-7　for 语句流程图

⑥ Python 3.x 中也可以使用函数 rang()产生序列对象控制 for 循环，range()格式为：

range([start,] stop[, step])

其中 start 和 step 为可选项，分别表示序列的初始值（默认为 0）和步长（默认为 1），stop 表示结束值。该函数将生成一个从 start 到 stop–1（不含 stop），以 step 为步长的数字序列。

例如：

range(5)等价于 range(0,5)，生成的数值为 0,1,2,3,4。

range(1,10,2) 生成的数值为 1,3,5,7,9。

【例 4-20】 编写程序，用 for 循环输出数字 0~5。

参考代码如下：

```
#ex4-20.py
#循环输出数字 0~5
for i in range(6):
    print(i,end=' ')
```

程序运行结果如下：

```
0 1 2 3 4 5
```

【例 4-21】 编写程序，用 for 循环求 $s=1+2+3+\cdots+100$。

分析： 这是一个有规律数的累加问题，可用 range()函数产生每一个累加项 i。

参考代码如下：

```
#ex4-21.py
#s=1+2+3+...+100
s=0
for i in range(1,101):
    s=s+i
print("1+2+3+...+100=",s)
```

程序运行结果如下：

```
1+2+3+...+100= 5050
```

【例 4-22】编写程序，求 $s=1+1/(2\times2)+1/(3\times3)+1/(4\times4)+\cdots+1/(100\times100)$。

分析：这是一个有规律数的累加问题，累加的每一项为 $1/i^2$。

参考代码如下：

```
#ex4-22.py
#s=1+1/ (2*2)+1/ (3*3)+1/(4*4)+... +1/(100*100)
s=0
for i in range(1,101):
    s=s+1 /(i * i)
print("1+1/ (2*2)+1/ (3*3)+1/(4*4)+... +1/(100*100) =%.6f"%s)
```

程序运行结果如下：

```
1+1/ (2*2)+1/ (3*3)+1/(4*4)+... +1/(100*100) = 1.634984
```

【例 4-23】编写程序，判断由键盘输入的一行字符串中元音字母的个数。

分析：取出字符串中的字符依次判断即可。

参考代码如下：

```
#ex4-23.py
#判断由键盘输入的一行字符串中元音字母的个数
str = input("请输入一行字符串（小写字母）：")
num=0
for ch in str:
    if ch == 'a' or ch == 'e' or ch == 'i' or ch == 'o' or ch == 'u':
        num+=1
print("元音字母的个数为：",num)
```

程序运行结果如下：

```
请输入一行字符串（小写字母）：python programming
元音字母的个数为：4
```

【例 4-24】编写程序，输出所有的三位水仙花数。水仙花数是指该数的各位数字的立方和等于该数本身。

分析：先对三位数进行分解，求出个位、十位、百位数，然后判断各位数字的立方和是否等于该数本身。

参考代码如下：

```
#ex4-24.py
#输出所有的三位水仙花数
print("水仙花数为：",end=" ")
for i in range(100,1000):
    a = i // 100
    b = i // 10 % 10
    c = i % 10
    if a**3 +b**3 +c**3 ==i:
        print(i,end=" ")
```

程序运行结果如下：

水仙花数为：153 370 371 407

4.6.2 无限循环：while 语句

while 语句主要用于构造恒真循环和不确定循环次数的循环。在 while 语句中，当条件表达式为 True 时，重复执行<循环体>；当条件表达式为 False 时，结束循环。其语法格式如下：

while <条件表达式>:

　　<循环体>

while 语句的执行流程如图 4-8 所示。

说明：

① while 为关键字；

② 冒号 "："不能缺省；

③ <条件表达式>可以是任意类型，但通常为关系表达式或逻辑表达式；

④ <循环体>中的语句为重复执行的部分，若有多条语句时，缩进时要对齐。

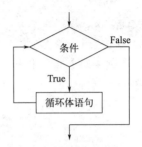

图 4-8 while 语句流程图

【例 4-25】编写程序，用 while 循环求 $s=1+2+3+\cdots+100$。

分析：这是一个有规律数的累加问题，通过循环变量保存累加项，每次累加后使循环变量加 1。

参考代码如下：

```
#ex4-25.py
#用 while 循环求 s=1+2+3+...+100
i, sum = 1, 0
while i < 101:
    sum += i
    i +=1
print("1+2+3+...+100= ",sum)
```

程序运行结果如下：

1+2+3+...+100=5050

【例 4-26】编写程序，判断由键盘输入的正整数是几位数，并输出其每位上的数字。

分析：利用求余运算符（%）求出整数的个位并输出，然后利用整除运算符（//）整除 10，从而舍弃掉个位数，进行循环。

参考代码如下：

```
#ex4-26.py
#判断由键盘输入的正整数是几位数，并输出其每位上的数字
n = eval(input("请输入一个正整数: "))
i = 0
print("每位上的数字，从低位到高位，依次为: ")
while n > 0:
    print( n % 10)
```

```
        i = i +1
        n = n//10
print("该数是{}位数".format(i))
```

程序运行结果如下：

```
请输入一个正整数: 87654
每位上的数字，从低位到高位，依次为:
4
5
6
7
8
该数是 5 位数
```

【例 4-27】编写程序，从键盘输入若干学生成绩，并求其平均分。当输入负数时，程序结束。

参考代码如下：

```
#ex4-27.py
#求平均成绩
s = 0
x = eval(input("请输入一个学生成绩: "))
n = 0
while x >= 0:
        s = s +x
        n = n +1
        x = eval(input("请输入一个学生成绩: "))
aver = s / n
print("所输入的学生平均成绩为{:.2f}".format(aver))
```

程序运行结果如下：

```
请输入一个学生成绩: 87
请输入一个学生成绩: 54
请输入一个学生成绩: 67
请输入一个学生成绩: 90
请输入一个学生成绩: -1
所输入的学生平均成绩为 74.50
```

【例 4-28】编写程序，求用键盘输入的两个整数的最大公约数和最小公倍数。

分析：求解最大公约数、最小公倍数的步骤如下。

① 输入两个整数 m 和 n，将较大者保存在变量 m 中，较小者保存在变量 n 中，采用 while() 循环的方法求解最大公约数，结束条件是余数为 0。

② 求解最大公约数的思想是辗转相除法。将 m 对 n 求余，如果余数为 0，则 n 即为两数的最大公约数；如果余数不为 0，则将 n 赋给 m，余数赋给 n，继续执行 m 对 n 求余运算，如此反复，直到余数为 0。

③ 最小公倍数等于两数的乘积除以最大公约数。

参考代码如下：

```
#ex4-28.py
#最大公约数，最小公倍数
m，n = eval(input("请输入两个正整数，用逗号间隔："))
s = m * n
if m < n:
    m,n = n,m
while m % n != 0:
    m,n = n,(m%n)
else:
    print("最大公约数为：",n)
    print("最小公倍数为：",s//n)
```

程序运行结果如下：

```
请输入两个正整数，用逗号间隔：60,48
最大公约数为：12
最小公倍数为：240
```

4.6.3 break、continue 和 pass 在循环结构中的应用

Python 中有三类特殊语句——break 语句、continue 语句和 pass 语句，供用户在循环中使用，这些语句一般要结合选择结构使用，以在特定条件满足时执行。

（1）break 语句用于结束循环体的执行，从循环中跳出转而执行循环外的下一条语句，即使循环条件成立也会跳出循环；如果 break 语句出现在嵌套的内层循环中，则 break 语句只会跳出当前层的循环。

【例 4-29】 编写程序，测试 break 语句的作用。

参考代码如下：

```
#ex4-29.py
#break 语句作用
for i in range(1,11):
    if i % 5 == 0:
        break
    else:
        print(i,end=" ")
```

程序运行结果如下：

```
1 2 3 4
```

【例 4-30】 编写程序，从键盘输入一个正整数，判断它是否为素数（质数）。

分析： 按照素数的定义，如果一个数只能被 1 和它本身整除，则这个数是素数。反过来说，如果一个数 x 能被 2 到 $x-1$ 之间的某个数 i 整除，则这个数 x 就不是素数。由此推理可得判断一个正整数 x 是否为素数的条件有三个：

① x 被 2～$(x-1)$ 来除，若都不能被整除，则 x 就是素数。

② x 被 2～$x/2$ 来除，若都不能被整除，则 x 就是素数。

③ x 被 2～$\sqrt{x}$ 来除，若都不能被整除，则 x 就是素数。

方法一：在程序中设置一个标志，我们假定所有数都是素数，通过程序来动态改变标志，一旦标志变化则说明该数就不是素数，否则该数就是素数。

　　参考代码如下：

```
#ex4-30-1.py
#判断素数
flag = 1
x = eval(input("请输入一个正整数: "))
for i in range(2,x):
    if x % i == 0:
        flag = 0
        break
if flag == 1:
    print("{}是素数".format(x))
else:
    print("{}不是素数".format(x))
```

　　程序运行结果如下：

```
请输入一个正整数: 7
7 是素数
```

　　方法二：利用判断循环是如何退出的方法。

　　参考代码如下：

```
#ex4-30-2.py
#判断素数
x = eval(input("请输入一个正整数: "))
for i in range(2,x):
    if x % i == 0:
        break
if i == x:
    print("{}是素数".format(x))
else:
    print("{}不是素数".format(x))
```

　　程序运行结果如下：

```
请输入一个正整数: 24
24 不是素数
```

　　（2）continue 语句的作用是立即结束本次循环的执行，开始下一次循环，也就是说跳过循环体中在 continue 之后的所有语句，判断循环条件并进行下一次循环，直到循环条件不成立为止。

　　【例 4-31】编写程序，测试 continue 语句的作用。

　　参考代码如下：

```
#ex4-31.py
#continue 语句作用
for i in range(1,11):
    if i % 5 == 0:
```

```
        continue
    else:
        print(i,end=" ")
```

程序运行结果如下：

```
1 2 3 4 6 7 8 9
```

【例 4-32】编写程序，输出 100~200 之间不能被 3 整除的数。

参考代码如下：

```
#ex4-32.py
#输出 100～200 之间不能被 3 整除的数
for n in range(100,201):
    if n % 3 == 0:
        continue
    print(n,end=" ")
```

程序运行结果如下：

```
100 101 103 104 106 107 109 110 112 113 115 116 118 119 121 122 124 125 127
128 130 131 133 134 136 137 139 140 142 143 145 146 148 149 151 152 154 155
157 158 160 161 163 164 166 167 169 170 172 173 175 176 178 179 181 182 184
185 187 188 190 191 193 194 196 197 199 200
```

（3）pass 语句是空语句，不做任何操作，一般用作占位语句，保证程序结构的完整。pass 语句不仅可以用在循环结构中，也可以用在顺序结构和选择结构中。

【例 4-33】pass 语句的用法。

参考代码如下：

```
#ex4-33.py
#pass 语句的用法
for n in range(1,3):
    pass
    print("暂时休息")
print("程序结束")
```

程序运行结果如下：

```
暂时休息
暂时休息
程序结束
```

4.6.4 循环结构的 else 语句

else 语句除了可以与 if 语句搭配使用外，还可以与 while 语句、for 语句搭配使用，当条件不满足时执行 else 语句块，它只在循环结束后执行。

【例 4-34】for 语句搭配 else 语句的用法。

参考代码如下：

```
#ex4-34.py
#for 语句搭配 else 语句的用法
for s in "Python":
```

```
    if s == "t":
        continue
    print(s,end=" ")
else:
    print("程序结束")
```

程序运行结果如下：

```
Python 程序结束
```

此处需注意，continue 保留字对 else 没有影响；但 while 语句或 for 语句中有 break 语句时，程序将会跳过 while 语句或 for 语句后的 else 语句。

【例 4-35】for 语句中存在 break 语句。

参考代码如下：

```
#ex4-35.py
#for 语句搭配 else 语句的用法(break)。
for s in "Python":
    if s == "t":
        break
    print(s,end="")
else:
    print("程序结束")
```

程序运行结果如下：

```
Py
```

4.7 嵌套程序

在程序设计中，无论是分支结构还是循环结构，都允许嵌套。嵌套包括分支结构内还有分支结构，循环结构内还有循环结构或者分支结构内有循环结构，循环结构内有分支结构等。在设计嵌套程序时，要注意内层结构和外层结构之间的嵌套关系，以及各语句之间的位置关系。要保证外层结构完全包含内层结构，不能出现交叉。

【例 4-36】编写程序，输出由*号组成的图形，如图 4-9 所示。

分析：

① 用循环控制变量 i 控制输出行；

② 每行上的"*"个数 j 是随着行控制变量 i 的值的变化而变化的。

```
*
**
***
****
*****
```
图 4-9　由*号组成的图形

参考代码如下：

```
#ex4-36.py
#输出由*号组成的图形
n = eval(input("请输入一个正整数: "))
for i in range (n):
    for j in range(i+1):
        print("*",end='')
    print('')
```

【例4-37】编写程序，输出由*号组成的图，如图4-10所示。

分析：

① 用循环控制变量 i 控制输出行；

② 每行上的"*"个数 j 是随着行控制变量 i 的值变化而变化的；

③ 用循环控制变量 k 控制每行上的"*"个数。

```
*****
 *****
  *****
   *****
    *****
```

图4-10　由*号组成的图

参考代码如下：

```
#ex4-37.py
#输出由*号组成的图形(平行四边形)
n = eval(input("请输入一个正整数: "))
for i in range(n):
    for j in range(n-1-i):
        print('',end='')
    for k in range(n):
        print("*",end='')
    print('')
```

【例4-38】编写程序，输出九九乘法表。

参考代码如下：

```
#ex4-38.py
#输出九九乘法表
for i in range(1,10,1):
    for j in range(1,i+1,1):
        print('{}*{}={:<2d}'.format(i,j,i*j),end='')
    print('')
```

程序运行结果如下：

```
1*1=1
2*1=2  2*2=4
3*1=3  3*2=6  3*3=9
4*1=4  4*2=8  4*3=12 4*4=16
5*1=5  5*2=10 5*3=15 5*4=20 5*5=25
6*1=6  6*2=12 6*3=18 6*4=24 6*5=30 6*6=36
7*1=7  7*2=14 7*3=21 7*4=28 7*5=35 7*6=42 7*7=49
8*1=8  8*2=16 8*3=24 8*4=32 8*5=40 8*6=48 8*7=56 8*8=64
9*1=9  9*2=18 9*3=27 9*4=36 9*5=45 9*6=54 9*7=63 9*8=72 9*9=81
```

【例4-39】编写程序，输出2~100的所有素数（质数），每行输出10个。

参考代码如下：

```
#ex4-39.py
#输出2～100的所有素数
n = 0
print("2～100的所有素数")
for i in range(2,101):
    flag = 1
    for j in range(2,i):
```

```
        if i % j == 0:
            flag = 0
            break
    if flag == 1:
        n = n + 1
        print("{:6}".format(i),end='')
        if n % 10 == 0:
            print('')
```

程序运行结果如下：

2～100 的所有素数

2	3	5	7	11	13	17	19	23	29
31	37	41	43	47	53	59	61	67	71
73	79	83	89	97					

【例 4-40】替换输入内容为凯撒密码。凯撒密码是古罗马凯撒大帝用来对军事情报进行加密的算法，它采用了替换方法把信息中的每一个英文字符循环替换为字母表序列中该字符后面的第三个字符，其他字符保持不变，对应关系如下。

原字符：A B C D E F G H I J K L M N O P Q R S T U V W X Y Z

加密后：D E F G H I J K L M N O P Q R S T U V W X Y Z A B C

分析：原文字符编码为 x，则其加密后字符编码 $y=(x+3)\%26$。

参考代码如下：

```
#ex4-40.py
#凯撒密码
str = input("请输入原文: ")
for p in str:
    if ord("A") <= ord(p) <= ord("Z") :
        print(chr(ord("A")+(ord(p)-ord("A")+3)%26),end='')
    elif ord("a") <= ord(p) <= ord("z") :
        print(chr(ord("a")+(ord(p)-ord("a")+3)%26),end='')
    else:
        print(p,end='')
```

程序运行结果如下：

请输入原文: Python Language

Sbwkrq Odqjxdjh

4.8 程序的异常处理

异常就是一个事件，该事件会在程序执行过程中程序有语法等错误时发生，异常将直接影响程序的正常执行。通常，在 Python 无法正常处理程序时就会发生一个异常，程序会终止。当 Python 程序发生异常时，需要捕获与处理它，否则程序会终止。

Python 语言使用 try、except、else、finally 这四个关键字来实现异常的捕获与处理。

4.8.1 异常处理基本过程: try-except 语句

在发生异常时, Python 解释器会返回异常信息。观察如下程序:

【例4-41】异常发生举例。

参考代码如下:

```
#ex4-41.py
#异常发生举例
n = eval(input("请输入一个整数: "))
print(n**2)
```

当用户输入数字时, 程序正常执行。

```
请输入一个整数: 12
144
```

如果用户输入的不是数字, 结果如何呢?

```
请输入一个整数: hello
Traceback (most recent call last):
  File "E:/第四章程序的控制结构源代码/ex4-41.py", line 3, in <module>
    n = eval(input("请输入一个整数: "))
  File "<string>", line 1, in <module>
NameError: name 'hello' is not defined
```

此时, Python 解释器返回了异常信息, 同时退出程序。异常运行结果中的信息说明如下。

① Traceback: 异常回溯标记。

② "E:/第四章程序的控制结构源代码/ex4-41.py": 异常文件路径。

③ line 3: 产生异常的代码行数。

④ NameError: 异常类型。这是 Python 异常信息中最重要的部分, 它表明发生异常的原因, 也是程序处理异常的依据。异常类型有很多种, 如"ValueError""ZeroDivisionError"等。

⑤ name 'hello' is not defined: 异常内容提示, 不同的异常情况会有不同的提示。

常见异常类型如表 4-3 所示。

表4-3 常见异常类型

异常类型	描述
AssertionError	断言语句失败（assert 后的条件为假）
AttributeError	访问的对象属性不存在
ImportError	无法导入模块或者对象, 主要是路径有误或名称错误
IndentationError	代码没有正确对齐, 主要是缩进错误
IndexError	下标索引超出序列范围
IOError	输入/输出异常, 主要是无法打开文件
KeyError	访问字典里不存在的键
NameError	访问一个未声明的变量
OverflowError	数值运算超出最大限制
SyntaxError	Python 语法错误
TabError	Tab 键和空格键混用
TypeError	不同类型数据之间的无效操作（传入对象类型与要求的不符合）
ValueError	传入无效的值, 即使值的类型是正确的
ZeroDivisionError	除法运算中除数为 0 或者取模运算中模数为 0

Python 使用 try-except 语句实现异常处理的基本语法格式如下：

try：

    <语句块 1>

except <异常类型>：

    <语句块 2>

说明：

① <语句块 1>：是正常执行的程序内容，可能发生异常；

② <异常类型>：将程序运行时产生的异常类型与 except 后的<异常类型>进行比较，若一致，则执行对应的<语句块 2>；若<异常类型>缺省，则所有情况的异常都可以执行对应的<语句块 2>。

【例 4-42】 利用 try-except 处理【例 4-41】中的异常。

参考代码如下：

```
#ex4-42.py
#处理异常发生举例
try:
    n = eval(input("请输入一个整数: "))
    print(n**2)
except NameError:
    print("输入错误，请输入一个整数! ")
```

程序运行结果如下：

```
请输入一个整数: hello
输入错误，请输入一个整数!
```

【例 4-43】 对比以下两段程序。

程序段一：

```
#ex4-43-1.py
#处理异常,标注异常类型
try:
    a ,b = eval(input("请输入两个数，用逗号间隔: "))
    c = a / b
    print(c)
except ZeroDivisionError:
    print("除数不能为 0! ")
```

程序段二：

```
#ex4-43-2.py
#处理异常,不标注异常类型
try:
    a ,b = eval(input("请输入两个数，用逗号间隔: "))
    c = a / b
    print(c)
except :
    print("除数不能为 0! ")
```

① 程序运行时，输入 "4,2"，两段程序均正常执行，运行结果如下：

```
请输入两个数，用逗号间隔: 4,2
2.0
```

② 程序运行时，输入 "4,0"，两段程序均除数为 0，产生异常，运行结果如下：

```
请输入两个数，用逗号间隔: 4,0
除数不能为 0!
```

③ 程序运行时，输入 "m,n"。

程序段一，运行结果如下：

```
请输入两个数，用逗号间隔: m,n
Traceback (most recent call last):
  File "E:\2022春季上课\第四章程序的控制结构源代码\ex4-43.py", line 4, in <module>
    a,b = eval(input("请输入两个数，用逗号间隔: "))
  File "<string>", line 1, in <module>
NameError: name 'm' is not defined
```

程序段二，运行结果如下：

```
请输入两个数，用逗号间隔: m,n
除数不能为 0!
```

程序段一中，明确了 except 对应的异常类型为 ZeroDivisionError，所以这部分只能处理除数为 0 的异常类型，当输入非数值型数据导致异常发生时，并没有将该异常捕获，而是将该异常抛出。程序段二中，并没有明确给出异常类型，而是认为程序中产生的所有异常都可以在该 except 后的语句中被处理。因此，即使是输入非数值型数据导致的异常，解释器也直接用这种方法来解决，所以输出 "除数不能为 0!"

4.8.2 多个 except 子句

除了最基本的 try-except 用法，Python 异常还有一些更高级的用法，可以捕获并处理多种异常。

① try-except 语句可以支持多个 except 语句，其基本语法格式如下：

try：
　　<语句块 1>
except　<异常类型 1>:
　　<语句块 2>
...
except　<异常类型 N>:
　　<语句块 N+1>
except:
　　<语句块 N+2>

其中，第 1 个到第 N 个 except 语句后面都指定了异常类型，说明这些 except 所对应的语句块只处理这些对应的异常类型。最后一个 except 语句没有指定任何类型，则表示它对应的语句块可以处理其他任何异常类型。

【例 4-44】改写【例 4-43】程序段一，使程序能够处理两种以上异常。参考代码如下：

```
#ex4-44.py
#处理两种以上异常
try:
    a ,b = eval(input("请输入两个数, 用逗号间隔: "))
    c = a / b
    print(c)
except NameError:
    print("输入错误, 请输入两个数! ")
except ZeroDivisionError:
    print("除数不能为 0! ")
except:
    print("其他错误! ")
```

程序运行结果如下:

```
请输入两个数, 用逗号间隔: hello
输入错误, 请输入两个数!
```

```
请输入两个数, 用逗号间隔: 4,0
除数不能为 0!
```

```
请输入两个数, 用逗号间隔: 6
其他错误!
```

② 除了 try 和 except 关键字外, 异常语句还可以与 else 和 finally 关键字配合使用, 其语法格式如下:

try:

    <语句块 1>

except   <异常类型 1>:

    <语句块 2>

else:

    <语句块 3>

finally:

    <语句块 4>

此处的 else 语句与 for 循环和 while 循环中的 else 一样, 当 try 中的<语句块 1>正常执行结束且没有发生异常时, else 中的<语句块 3>执行, 可以看作是对 try 语句块正常执行后的一种追加执行。finally 语句块则不同, 无论 try 中的<语句块 1>是否发生异常, <语句块 4>都会执行。

【例 4-45】改写【例 4-44】。

参考代码如下:

```
#ex4-45.py
#try-except-else-finally
try:
    a ,b = eval(input("请输入两个数, 用逗号间隔: "))
```

```
    c = a / b
    print(c)
except NameError:
    print("输入错误，请输入两个数！")
except ZeroDivisionError:
    print("除数不能为 0！")
else:
    print("没有异常发生！")
finally:
    print("程序执行完毕！")
```

程序运行结果如下：

请输入两个数，用逗号间隔: 4,2
2.0
没有异常发生！
程序执行完毕！

请输入两个数，用逗号间隔: 4,0
除数不能为 0！
程序执行完毕！

请输入两个数，用逗号间隔: m,n
输入错误，请输入两个数！
程序执行完毕！

 习题

一、选择题

二、填空题

1. _____指每一行代码开始前的空白区域，用来表示代码之间的包含和层次关系。

2. 分支结构分为：_____结构、_____结构和_____结构。

3. 表达式'A' if 3＞6 else ('B' if 5＞2 else 'C')的值为_____。

4. _____语句用于进行多重判断。

5. _____语句可以使程序立即退出循环，转而执行该循环外的下一条语句。

6. 执行循环语句 for i in range(2,8,2):print(i)，循环体执行的次数是_____。

7. 下面程序运行结果是_____。

```
sum=0
for i in range(1,10):
```

```
    if (i%3):
        sum=sum+i
print(sum)
```

8. 下面程序运行结果是_____。

```
x=1
y=0
if not x:
    y+=1
elif x==0:
    if x:
        y+=2
    else:
        y+=3
print(y)
```

9. 下面程序运行结果是_____。

```
k=4
n=0
while n<k:
    n=n+1
    if n%2==0:
        continue
    k=k-1
print(k,n)
```

10. 下面程序运行结果是_____。

```
for x in range(1,100):
    if x%9:
        continue
    if x>50:
        break
    print(x)
```

三、程序填空题

1. 使用程序计算整数 N 到整数 $N+100$ 之间所有奇数的数值和，不包含 $N+100$，并将结果输出，请补充横线处的代码。

```
N=input("请输入一个整数: ")
s=0
for i in range(____(1)____, eval(N)+100):
    if ____(2)____:
        s=s+i
print(s)
```

2. 根据斐波那契数列的定义，$F(0)=0$，$F(1)=1$，$F(n)=F(n-1)+F(n-2)$ $(n \geqslant 2)$，输出不大于 100 的序列元素，请补充横线处的代码。

```
a,b=0,1
while      (1)      :
    print(a,end=",")
    a,b=      (2)
```

四、编程题

1. 输入一个数，如果该数能被 3 和 5 整除，则输出"该数能同时被 3 和 5 整除"。

2. 输入三个数，找出其中最小数。

3. 输入成绩，若成绩在 90~100 区间，则输出"成绩优秀！"，成绩在 80~89 区间，则输出"成绩良好！"，成绩在 60~79 区间，则输出"成绩及格！"，低于 60 的则输出"成绩堪忧！"，其他分值则输出"成绩有误！"。

4. 计算 1~100 所有奇数的和。

5. 计算"n!"（n 的阶乘），n 的值由键盘输入。

6. 利用循环输出如下图形。

第❺章
Python标准库概览

 学习目标

- 熟练掌握 IDLE 中程序的两种运行方式。
- 熟练掌握常用 turtle 库函数的使用。
- 熟悉 random 库函数的使用方法。
- 理解 math 库常用函数的使用方法。
- 理解 time 库常用函数的使用方法。

5.1 turtle 库

　　turtle(海龟)库是 Python 语言中一个直观有趣的图形绘制函数库，也是 Python 语言重要的标准库之一。turtle 图形绘制的概念起源于 1969 年，图形绘制方法可以想象为一个小海龟在坐标系中爬行，开始绘制图形时，小海龟处于画布的中心位置，坐标为(0,0)，以该点作为起点，小海龟根据函数指令的控制进行移动，那么它的整个爬行轨迹就形成了要绘制的图形。

　　小海龟有前进、后退、旋转等爬行方式，对坐标系的探索通过前进方向、后退方向、左侧方向、右侧方向等小海龟自身角度的方位来实现。turtle 绘图坐标系如图 5-1 所示。

　　对 turtle 库及其对象的引用，有如下三种方式。

　　（1）import turtle

　　其中：import 是一个关键字，用来引入一些外部库，这里的含义是引入一个名字叫 turtle 的函数库。应用该方法引入的 turtle 库，对 turtle 库中函数的调用形式为"turtle.<函数名>()"。

　　（2）import turtle as t

　　利用这种引入方式在对 turtle 库中的函数调用时，采用"t.<函数名>()"的形式，关键字 as 的作用是给 turtle 库起了一个别名，这里也可以是 t 之外的其他名称，这种调用方式相对更简洁。

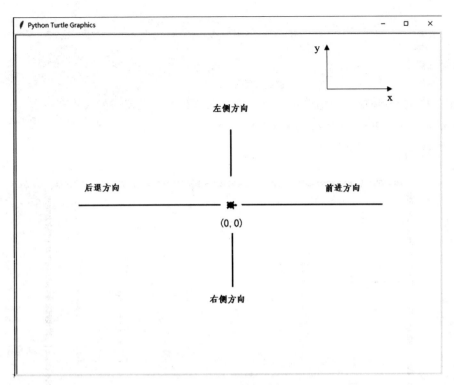

图 5-1 turtle 绘图坐标系

（3）from turtle import *

采用这种方法引入了 turtle 库中的所有对象，在程序中对 turtle 库中的函数调用时可以直接使用"<函数名>()"的形式。

以上 3 种 turtle 库的不同引入方式，作用是相同的。

turtle 库是非常有价值的程序设计入门实践库，也是程序设计入门最常用且最经典的基本绘图库，其中包含了 100 多个功能函数，这些功能函数主要分为三类：画布与画笔属性函数、画笔状态与填充函数和画笔运动函数。

5.1.1 画布与画笔属性函数

画布是 turtle 中用于绘图的区域，用户在绘图前可以根据需要设置画布的大小以及它在屏幕中的初始位置。

（1）画布属性设置

turtle.screensize(width,height,background)

参数 width 和 height 表示画布的宽和高，单位为像素，参数 background 表示画布的背景颜色。

例如：turtle screensize(700,500,"yellow")。

如果不设置画布大小，则画布的默认大小为(400,300)，默认背景为白色。当参数为空时，则返回当前画布大小，示例如下：

```
>>>import turtle
>>>turtle.screensize()
```

```
(400,300)
>>>turtle.screensize(700,500)
>>>turtle.screensize()
(700,500)
```

turtle 库中的 turtle.setup()函数用于设置画布在屏幕中显示窗口的大小和位置,定义如下:

turtle.setup(width,height,startx,starty)

各个参数关系如图 5-2 所示。

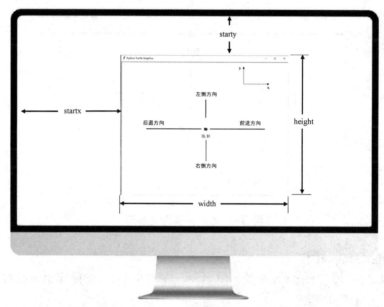

图 5-2　turtle.setup()函数中的 4 个参数关系

参数 width 和 height 表示窗口的宽和高,如果值为整数,则表示像素值;如果值为小数,则表示窗口占据屏幕的比例。参数 startx 表示窗口左侧距离屏幕左侧的像素值;starty 表示窗口顶部距离屏幕顶部的像素值;如果 startx 和 starty 为空,则表示窗口位于屏幕的中心位置。如果显示窗口的大小设置小于画布,则窗口会出现滚动条。

(2)画笔属性设置

在画布上,假定以画布中心为原点建立坐标轴,坐标原点位置有一只面向 x 轴正方向的小乌龟,即为画笔。绘图时,使用方向和位置对小乌龟的状态进行描述。画笔的属性包括画笔的宽度、颜色以及移动速度等,画笔属性函数定义如下:

turtle.pensize(width)

作用:设置画笔线条宽度为 width 像素,如果为 None 或者为空时,返回当前画笔宽度。

turtle.colormode(mode)

作用:设置画笔的颜色模式,mode 参数可以为 1.0 或 255。参数为 1.0 时,R、G、B(红、绿、蓝)的取值范围为[0,1.0];参数值为 255 时,R、G、B 取值范围为[0,255]。参数默认取值为 1.0。无参数输入时,返回当前颜色模式值。

turtle.pencolor(colorstring) 或 turtle.pencolor((r,g,b))

作用：设置画笔的颜色。参数 colorstring 是表示颜色的字符串，如："green"（绿色）、"yellow"（黄色）、"purple"（紫色）等。(r,g,b)是表示颜色的三元组（RGB 颜色），在颜色模式（mode）的取值为 1.0 时，每个颜色的取值范围为[0,1.0]，如(1,0,0)表示红色，(0,1,0)表示绿色，(0,0,1)表示蓝色等。部分常用 RGB 颜色对照表如表 5-1 所示。

表 5-1　部分常用 RGB 颜色对照表

颜色名称	RGB 的整数值	RGB 的小数值	十六进制字符串
red（红）	(255,0,0)	(1,0,0)	'#FF0000'
green（绿）	(0,255,0)	(0,1,0)	'#00FF00'
blue（蓝）	(0,0,255)	(0,0,1)	'#0000FF'
black（黑）	(0,0,0)	(0,0,0)	'#000000'
white（白）	(255,255,255)	(1,1,1)	'#FFFFFF'
cyan（青）	(0,255,255)	(0,1,1)	'#00FFFF'
magenta（品红）	(255,0,255)	(1,0,1)	'#FF00FF'
yellow（黄）	(255,255,0)	(1,1,0)	'#FFFF00'
purple（紫）	(160,32,240)	(0.6,0.1,0.9)	'#A020F0'
gold（金）	(255,215,0)	(1,0.8,0)	'#FFD700'

turtle.color(colorstring1,colorstring2)或 turtle.color((r1,g1,b1), (r2,g2,b2))

作用：同时设置画笔和填充的颜色，colorstring1 表示画笔颜色，colorstring2 表示填充的颜色。参数 colorstring 表示所设置颜色的字符串，如"green""yellow""purple"等。(r,g,b)是表示颜色的三元组，每个颜色的取值范围由所设置的颜色模式确定，还可以表示为 RGB 三元组对应的十六进制字符串模式。如果只有一个参数，则该参数既表示画笔颜色，又表示填充颜色；如果参数值为空，则返回当前画笔和填充的颜色。

turtle.speed(speed)

作用：设置画笔的移动速度，取值范围为[0,10]之间的整数值。数值越大表示画笔的移动速度越快；反之，数值越小表示画笔的移动速度越慢。

5.1.2　画笔状态与填充函数

turtle 库中的画笔状态可以利用以下函数来控制，部分常用的函数定义如下：

turtle.penup() 别名为 **turtle.pu()**或者 **turtle.up()**

作用：抬起画笔，此时移动画笔不绘制图形，用于对画笔的位置进行重新设置。

turtle.pendown() 别名为 **turtle.pd()**或者 **turtle.down()**

作用：落下画笔，之后移动画笔将绘制图形。用于对画笔的位置进行重新设置，通常画笔在 pendown()后开始绘图。

turtle.pendown()与 turtle.penup()是一对状态函数，分别表示画笔的落下和抬起，在程序中要成对出现。

turtle.begin_fill()

作用：以当前位置为起点，开始进行图形填充，应在绘制拟填充图形前调用此函数。

turtle.end_fill()

作用：以当前位置为终点，结束图形填充，应在结束绘制拟填充图形后调用此函数。如果填充图形的起点和终点没有构成闭合区域，系统会默认将起点和终点连接在一起。该函数是 turtle.begin_fill() 的配对函数，在程序中要成对出现。

turtle. filling()
作用：返回当前图形背景颜色的填充状态。函数值为 True 表示已填充，函数值为 False 表示未填充。

turtle. clear()
作用：将当前绘图窗口清空，但不改变当前画笔的位置和角度。

turtle. reset()
作用：将当前绘图窗口清空，并重置当前画笔的位置和角度为原点。

turtle. hideturtle()
作用：将画笔的 turtle 形状隐藏。

turtle. showturtle()
作用：将画笔的 turtle 形状显示。

turtle. isvisible()
作用：如果画笔的 turtle 形状可见，则返回 True，否则返回 False。

5.1.3　画笔运动函数

在绘制图形前，需要预先确定画笔的位置和方向。turtle 库利用一组函数控制画笔的运动，从而绘制图形。turtle 库的绝对角度坐标体系如图 5-3 所示。

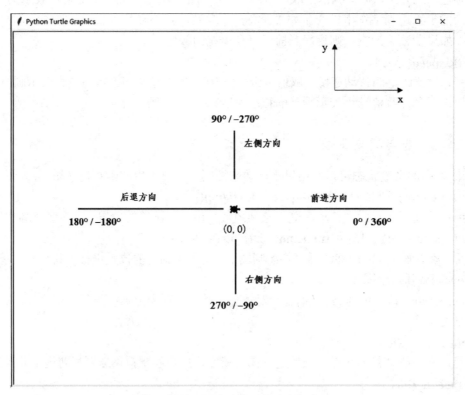

图 5-3　turtle 库的绝对角度坐标体系

部分常用的画笔运动函数的定义如下：

turtle. forward(distance) 别名为 **turtle.fd(distance)**

作用：画笔向当前方向前进 distance 像素距离。参数 distance 代表前进距离的像素值，如果 distance 的值取负数，表示向相反方向运动。

turtle. backward(distance) 别名为 **turtle.bk(distance)**

作用：画笔向当前行进的相反方向（后退方向）移动 distance 距离，画笔的方向保持不变。

turtle. right(angle) 别名为 **turtle.rt(angle)**

作用：将画笔向当前行进方向的右侧（顺时针）旋转 angle 角度。

turtle. left(angle) 别名为 **turtle.lt(angle)**

作用：将画笔向当前行进方向的左侧（逆时针）旋转 angle 角度。

turtle.setheading(angle)，别名为 **turtle.seth(angle)**

作用：设置画笔当前的行进方向为 angle 角度，此时 angle 代表的角度值是绝对方向角度值。

turtle. goto (x,y)

作用：将画笔移动到画布中的绝对坐标(x,y)位置。使用 turtle. goto (x,y) 函数之前，画笔通常处于抬起状态，如果画笔处于落下状态，在移动画笔时将会绘制从当前位置到目标位置的线条。

turtle. setx(x)

作用：重置画笔的横坐标为 x，纵坐标保持不变。

turtle. sety(y)

作用：重置画笔的纵坐标为 y，横坐标保持不变。

turtle.circle(radius, [extent, steps])

作用：绘制半径为 radius 的圆。参数 radius 代表半径，它的值可为正，也可为负。如果在 turtle 的初始状态下画圆，当 radius 为正数时，圆心在画笔方向的左侧，即圆心位于画笔的上方；当 radius 为负数时，圆心在画笔方向的右侧，即圆心位于画笔的下方。参数 extent 代表绘制圆弧对应的圆心角，它的值可为正，也可为负。当 extent 为正数时，画笔向逆时针方向前进绘制圆弧；当 extent 为负数时，画笔向顺时针方向前进绘制圆弧；当 extent 为空时，绘制整个圆形。参数 steps 表示绘制圆弧的内切多边形时，设定的边数。举例如图 5-4 所示。

turtle.dot(size, color)

作用：绘制一个直径为 size 像素、背景颜色为 color 的圆点。参数 size 表示圆点的直径，color 表示背景的颜色，可用颜色字符串或 RGB 三元组的方式表示。

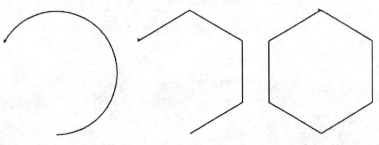

(a) turtle.circle (200, 240)　　(b) turtle.circle(200, 240, 4)　　(c) turtle.circle(−200, steps=6)

图 5-4　绘制圆形、圆弧及其内切多边形

turtle.home()

作用：重新设置当前画笔的位置为原点，方向为朝向东，即 0 度方向。

turtle.undo()

作用：撤销画笔的最后一个动作。

5.1.4　图形的绘制和填充

本节利用 turtle 库函数绘制几个经典的图形。

【例 5-1】使用 turtle 库的 turtle.fd() 函数、turtle.left() 或者 turtle.seth() 函数绘制一个三角形，边长为 200 像素，运行效果如图 5-5 所示。

```
import turtle
turtle.setup(800,800)        #设置显示窗口的大小
turtle.pensize(5)            #设置画笔的宽度
turtle.pencolor('red')       #设置画笔的颜色
for i in range(3):           #绘制三角形
    turtle.left(120)
    turtle.fd(200)
```

【例 5-2】使用 turtle 库函数，绘制三层嵌套的正方形，运行效果如图 5-6 所示。

彩图

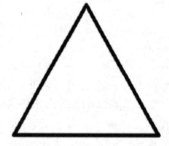

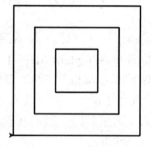

彩图

图 5-5　【例 5-1】图　　　　　　　图 5-6　【例 5-2】图

```
import turtle as t
t.setup(600,600)             #设置显示窗口的大小
t.pensize(3)                 #设置画笔的宽度
for i in range(1,5):         #绘制最内层正方形
    t.fd(100)
    t.left(90)
t.penup()
t.goto(-50,-50)              #移动画笔的位置
t.pendown()
for i in range(1,5):         #绘制中间层正方形
    t.fd(200)
    t.left(90)
```

```
t.penup()
t.goto(-100,-100)              #移动画笔的位置
t.pendown()
for i in range(1,5):           #绘制最外层正方形
    t.fd(300)
    t.left(90)
```

【**例 5-3**】使用 turtle 库函数，绘制三层同心圆环并填充，效果如图 5-7 所示。

```
from turtle import *
reset()          #清空窗口，重置 turtle 状态为起始状态
pensize(5)
pu()             #绘制外层圆环
goto(0,-200)
pd()
color("red","blue")
begin_fill()
circle(200)
end_fill()
pu()                    #绘制中间圆环
goto(0,-150)
pd()
color("red","yellow")
begin_fill()
circle(150)
end_fill()
pu()                    #绘制内层圆环
goto(0,-100)
color("red","green")
pd()
begin_fill()
circle(100)
end_fill()
```

【**例 5-4**】使用 turtle 库函数，绘制红背景黄色的五角星，效果如图 5-8 所示。

彩图

彩图

图 5-7 【例 5-3】图   图 5-8 【例 5-4】图

```
from turtle import *
reset()
screensize(400,300,"red")    #设置画布大小和背景
pensize(5)
color("yellow","yellow")
pu()
goto(-150,100)
pd()
begin_fill()
for i in range(5):
    forward(300)
    right(144)
end_fill()
```

【例 5-5】使用 turtle 库函数，实现三角形、正方形、五边形、六边形以及五角星的绘制和填充（颜色不同），使用函数不限，但要求绘制图形在同一绘图窗体中显示，运行效果如图 5-9 所示。

彩图

图 5-9 【例 5-5】图

```
import turtle
turtle.setup(1100,500)          #设置显示窗口的大小
turtle.pensize(3)               #设置画笔的宽度
turtle.penup()
turtle.goto(-400,-50)
turtle.pendown()
turtle.begin_fill()             #绘制三角形并填充
turtle.color('red')
turtle.circle(70,steps=3)
turtle.end_fill()
turtle.penup()
turtle.goto(-200,-50)
turtle.pendown()
turtle.begin_fill()             #绘制正方形并填充
turtle.color('blue')
turtle.circle(70,steps=4)
```

```
turtle.end_fill()
turtle.penup()
turtle.goto(0,-50)
turtle.pendown()
turtle.begin_fill()                  #绘制五边形并填充
turtle.color('green')
turtle.circle(70,steps=5)
turtle.end_fill()
turtle.penup()
turtle.goto(200,-50)
turtle.pendown()
turtle.begin_fill()                  #绘制六边形并填充
turtle.color('yellow')
turtle.circle(70,steps=6)
turtle.end_fill()
turtle.penup()
turtle.goto(350,50)
turtle.pendown()
turtle.begin_fill()                  #绘制五角星并填充
turtle.color('purple')
for i in range(5):
    turtle.forward(150)
    turtle.right(144)
turtle.end_fill()
turtle.hideturtle()
turtle.done()
```

5.2 random 库

5.2.1 random 库概述

计算机完成的计算通常是确定性的，但是对于一些应用，人们可能希望在计算机中出现一些随机性的因素。假设用计算机模拟现实世界中的现象和活动过程，如果每次模拟得到的结果都是一样的，那么这种模拟就没有任何意义。随机数是随机产生的数据，在计算机应用中十分常见，广泛地应用于工程、科学和社会等诸多领域。计算机不能产生真正的随机数，计算机产生的随机数也是在特定条件下产生的确定值。

random 库是 Python 语言的一个标准库，用于产生各种分布的伪随机数序列。random 库采用梅森旋转算法生成伪随机数序列，可应用于对随机性要求不高的大多数工程上。

使用 random 库的函数前，应先导入 random 库。random 库的引用方法与 turtle 库一样，可以采用三种方式实现。

5.2.2 random 库与随机数应用

应用 random 库的主要目的是生成随机数，因此，读者只需要根据应用需求，到 random 库中查阅具有相关功能的随机数生成函数即可。random 库中包含不同类型的随机数生成函数，主要分为两类：基本随机函数和扩展随机函数。

表 5-2 给出了 random 库的基本随机函数。

表5-2 random 库的基本随机函数

函数名称	功能描述
seed(a)	初始化随机数种子 a 缺省时为当前系统时间；如果设置了随机数种子，每次产生的随机序列就是确定的
random()	用于生成一个[0.0，1.0)之间的随机小数，不包括 1.0

（1）random.seed(a)

作用：为随机数序列设置种子，参数 a 为种子，可以是整数或浮点数。如果程序没有确定随机数种子，则默认以当前系统的运行时间为种子生成随机序列。

（2）random. random()

作用：生成一个[0.0，1.0)之间的随机小数，无参数。

使用 random 库的函数时，请注意这些函数每次执行后的结果可能是不一样的：

```
>>>import random
>>>random.random()
0.9023617891355321
>>>random.random()
0.47187576201091197
```

随机数生成之前，可以利用 seed( )函数设置随机数种子，每个种子作为输入，只要种子相同，每次生成的随机数序列也相同，便于测试和同步数据。

```
>>> random.seed(5)
>>>random.random()
0.6229016948897019
>>> random.seed(5)
>>>random.random()
0.6229016948897019
```

通过上述函数调用可以看出，在设置了相同的随机数种子后，每次调用随机函数生成的随机数是相同的。

表 5-3 给出了 random 库常用的扩展随机函数。

表5-3 random 库常用的扩展随机函数

函数名称	功能描述
uniform(a,b)	用于生成一个[a，b]之间的随机小数
randint(a,b)	用于生成一个[a，b]之间的随机整数
randrange(start,stop[,step])	用于生成一个[start，stop)之间且以 step 为步长的随机整数
choice(seq)	用于从序列 seq 中随机返回一个元素

函数名称	功能描述
shuffle(seq)	用于将序列 seq 的顺序重新随机排列，返回重新排列后的序列
sample(seq,k)	用于从序列 seq 中随机选取 k 个元素，组成一个新的列表
getrandbits(k)	用于生成一个 k 比特长的随机整数

（3）random. uniform(a,b)

作用：生成一个[a，b]之间的随机小数，参数 a、b 可以是整数或浮点数。

```
>>> random. uniform (10,100)
81.5674209009127
>>> random. uniform (21.1,99.9)
95.36508236163158
```

（4）random. randint(a,b)

作用：生成一个[a，b]之间的随机整数，参数 a、b 是整数。

```
>>> random. randint (10,20)
20
>>> random. randint (10,100)
77
```

（5）random. randrange(start,stop[,step])

作用：生成一个在[start, stop)之间且以 step 为步长的随机整数。参数 start 代表起始整数，stop 代表终止整数，step 代表步长。

```
>>> random. randrange(10,100,5)
10
>>> random. randrange(100,200,10)
170
```

（6）random. choice(seq)

作用：用于从序列 seq 中随机选择一个元素并返回。参数 seq 是序列型变量。

```
>>> random.choice("I love python")
'I'
>>> random. choice([10,20,30,40,50])
10
>>> random. choice(("I", "love", "python"))
'I'
```

（7）random. shuffle(seq)

作用：将序列 seq 的顺序重新随机排列，返回重新排列后的序列。参数 seq 是序列型变量。

```
>>>ls=[1,2,3,4,5]
>>> random. shuffle(ls)
>>>ls
[4,3,5,1,2]
```

（8）random. sample(seq,k)

作用：从 seq 序列表示的组合类型中随机选取 k 个元素，以列表返回。参数 seq 是组合数据类型，k 是整数。

```
>>> random. sample([1,2,3,4,5,6],3)
[2,4,1]
>>> random. sample("python",3)
['o', 'y', 'p']
```

（9）random. getrandbits(k)

作用：用于生成一个 k 比特长的随机整数。参数 k 表示二进制位的长度。

```
>>> random. getrandbits(10)
748
>>>bin(748)            #求 748 对应的二进制数
'0b1011101100'
>>>len(bin(748))       #求长度时包含 0b 前导符的 2 个长度
12
```

【例 5-6】猜数字游戏：程序随机生成 1~10 之间的整数，参与游戏者输入猜测的数字，如果猜中，则输出"你真棒！"；否则输出"太可惜，猜错了！"。

```
from random import *
number=randint(1,10)
guess=eval(input("请输入 1~10 之间的数字： "))
print("你猜的数字是{}，正确答案是{}".format(guess,number))
if number==guess:
    print("你真棒! ")
else:
    print("太可惜，猜错了! ")
```

程序会生成一个待匹配的随机数，运行结果如下：

```
请输入 1~10 之间的数字: 5
你猜的数字是 5，正确答案是 1
太可惜，猜错了!
```

【例 5-7】有一种游戏叫作"幸运 8"，游戏规则是：玩家掷两枚骰子，如果点数之和是 8，玩家得 4 分；如果点数之和不是 8，玩家被扣 1 分。请你分析一下，这样的规则是否公平。

分析：可以利用计算机对掷骰子的过程进行模拟，测算两个骰子点数之和为 8 的概率。

```
import random
count=0
for i in range(10000):
    num1=random.randint(1,6)
    num2=random.randint(1,6)
    if num1+num2==8:
        count=count+1
print(count/10000)
```

让计算机循环执行 10000 次，对掷骰子的过程进行模拟，计算这 10000 次中两个骰子的点数之和是 8 的概率是多少。执行程序 5 次，结果分别是：

0.1352　　0.1398　　0.1383　　0.1392　　0.1381

可见，赢的概率在 0.13~0.14 之间，输赢的比例大于 4（赢了得 4 分，输了被扣 1 分），因此，玩"幸运 8"这个游戏，输的可能性更大。

5.3　math 库

5.3.1　math 库概述

math 库是 Python 提供的数学类标准函数库，不支持复数类型，仅支持整数和浮点数的运算。math 库中共包含 4 个数学常数和 44 个函数，这 44 个函数可按功能分为 4 类，其中包括：数值表示函数 16 个、幂对数函数 8 个、三角函数 16 个以及高等特殊函数 4 个。

由于 math 库中的函数数量较多，因此在学习过程中只需要熟记常用函数，理解其他函数的功能即可。实际编程中，如果需要应用 math 库，可以查阅本节提供的 math 库函数。

math 库中的函数不能直接使用，应先使用保留字 import 导入 math 库。math 库的引用方法与 turtle 库一样，可以采用三种方式实现。例如：

```
>>>from math import *
>>>sqrt(16)
4.0
```

如果只导入 math 库中指定的内容，其他没有导入的内容将不可使用。例如：

```
>>>from math import fabs, pi
>>>fabs(-34.56)
34.56
>>>pi
3.141592653589793
>>> sqrt(16)
Traceback (most recent call last):
  File "<pyshell#6>", line 1, in <module>
    sqrt(16)
NameError: name 'sqrt' is not defined
```

5.3.2　math 库数学常数及常用函数

math 库中的 4 个数学常数如表 5-4 所示，16 个数值表示函数如表 5-5 所示。

表 5-4　math 库的数学常数(共计 4 个)

常数名称	数学表示	功能描述
math.e	e	自然对数 e
math.pi	π	圆周率 π
math.inf	∞	正无穷大
math.nan		不是一个数字(非数，not a number, NaN)

表 5-5　math 库的数值表示函数(共计 16 个)

函数名称	数学表示	功能描述
math.fabs(x)	$\lvert x \rvert$	返回 x 的绝对值
math.ceil(x)	$\lceil x \rceil$	返回不小于 x 的最小整数,向上取整
math.floor(x)	$\lfloor x \rfloor$	返回不大于 x 的最大整数,向下取整
math.trunc(x)		返回 x 的整数部分
math.fsum([x,y,…])	$x+y+\cdots$	返回序列中各元素的和
math.fmod(x,y)	$x\%y$	返回 x%y(求余)
math.gcd(a,b)		返回整数 x 和 y 的最大公约数
math.factorial(x)	$x!$	返回 x 的阶乘
math.frexp(x)	$x=m\times2^e$	以 (m,e) 对的形式返回 x 的尾数 m 和指数 e
math.ldexp(x,i)	$x\times2^i$	返回 $x\times2^i$ 的浮点值,是函数 frexp() 的反函数
math.modf(x)		分别返回 x 的小数部分和整数部分
math.copysign(x,y)	$\lvert x \rvert\times\lvert y\rvert/y$	用数值 y 的正负号替换数值 x 的正负号
math.isclose(a,b)		若 a 和 b 的值比较接近则返回 True,否则返回 False
math.isfinite()		判断 x 是否为有限的,如果 x 既不是无穷大也不是 NaN,则返回 True,否则返回 False
math.isinf()		判断 x 是否为正或负无穷大,是则返回 True,否则返回 False
math.isnan()		判断 x 是否为 NaN,是则返回 True,否则返回 False

math.fsum([x,y,…]) 函数在数学求和运算中非常有用,举例如下:

```
>>>0.1+0.2+0.3
0.6000000000000001
>>import math
>>math.fsum([0.1,0.2,0.3])
0.6
```

　　由于浮点数在 Python 解释器内部表示时,存在一个小数点后若干位的精度尾数,当浮点数参与运算时,这个精度尾数就可能会影响输出结果,因此,当涉及浮点数运算和结果比较时,最好不要直接采用 Python 提供的运算符进行计算,建议采用 math 库提供的数学函数,实现会更方便。

　　math 库中的 8 个幂对数函数,如表 5-6 所示。

表 5-6　math 库的幂对数函数(共计 8 个)

函数名称	数学表示	功能描述
math.exp(x)	e^x	返回 e 的 x 次幂,其中 e 是自然对数
math.pow(x,y)	x^y	返回 x 的 y 次幂
math.expml(x)	e^x-1	返回 e 的 x 次幂减 1
math.sqrt(x)	$\sqrt{x}$	返回 x 的平方根
math.log(x[, base])	$\log_{base}x$	只输入 x 一个参数时,返回 x 的自然对数;输入两个参数时,返回以 base 为底 x 的对数
math.log10(x)	$\log_{10}x$	返回以 10 为底 x 的对数
math.log2(x)	$\log_2x$	返回以 2 为底 x 的对数
math.log1p(x)	$\ln(1+x)$	返回以 e 为底 1+x 的自然对数

math 库虽然没有直接提供计算 $\sqrt[y]{x}$ 运算的函数，但是可以根据公式 $\sqrt[y]{x}=x^{\frac{1}{y}}$，采用 math.pow()函数求解，举例如下：

```
>>>math.pow(8,1/3)
2.0
```

math 库中的 16 个三角函数如表 5-7 所示。

表5-7 math 库的三角函数(共计 16 个)

函数名称	数学表示	功能描述
math.degrees(x)		将弧度值 x 转换为角度值
math.radians(x)		将角度值 x 转换为弧度值
math.hypot(x,y)	$\sqrt{x^2+y^2}$	返回 (x,y) 坐标到原点（0,0）的距离
math.sin(x)	$\sin x$	返回 x（弧度）的正弦值
math.cos(x)	$\cos x$	返回 x（弧度）的余弦值
math.tan(x)	$\tan x$	返回 x（弧度）的正切值
math.asin(x)	$\arcsin x$	返回 x 的反正弦值
math.acos(x)	$\arccos x$	返回 x 的反余弦值
math.atan(x)	$\arctan x$	返回 x 的反正切值
math.atan2(x,y)	$\arctan\left(x/y\right)$	返回 x/y 的反正切值
math.sinh(x)	$\sinh x$	返回 x 的双曲正弦函数值
math.cosh(x)	$\cosh x$	返回 x 的双曲余弦函数值
math.tanh(x)	$\tanh x$	返回 x 的双曲正切函数值
math.asinh(x)	$\operatorname{arcsinh} x$	返回 x 的反双曲正弦函数值
math.acosh(x)	$\operatorname{arccosh} x$	返回 x 的反双曲余弦函数值
math.atanh(x)	$\operatorname{arctanh} x$	返回 x 的反双曲正切函数值

math 库中的 4 个高等特殊函数，如表 5-8 所示。

表5-8 math 库的高等特殊函数(共计 4 个)

常数名称	数学表示	功能描述
math.erf(x)	$\dfrac{2}{\sqrt{\pi}}\int_0^x e^{-t^2}dt$	高斯误差函数
math. erfc(x)	$\dfrac{2}{\sqrt{\pi}}\int_x^\infty e^{-t^2}dt$	高斯误差函数，math.erfc(x)=1−math.erf(x)
math.gamma(x)	$\int_0^x e^{t-1}e^{-x}dx$	伽马函数（Γ函数），也称为第二类欧拉积分
math.lgamma(x)	$\ln(\mathrm{gamma}(x))$	伽马函数的自然对数

【例 5-8】常用 math 库函数举例。

```
>>>import math
>>> math.pi            #返回圆周率π
3.141592653589793
>>> math.e             #自然对数 e
2.718281828459045
>>> math.fabs(-10)     #返回−10 的绝对值，结果为浮点型
```

```
10.0
>>> math.fabs(6+8j)          #系统报错，math 库不能处理复数
Traceback (most recent call last):
  File "<pyshell#5>", line 1, in <module>
    math.fabs(6+8j)
TypeError: can't convert complex to float

>>> math.ceil(4.1)                    #返回不小于 4.1 的最小整数
5
>>> math.floor(4.1)                   #返回不大于 4.1 的最大整数
4
>>> math.floor(-4.1)                  #返回不大于-4.1 的最大整数
-5
>>> math.trunc(4.1)                   #返回 4.1 的整数部分
4
>>> math.fmod(7,3)                    #返回 7 除以 3 的余数
1.0
>>> math.sqrt(5)                      #返回 5 的平方根
2.23606797749979
>>> math.pow(2,10)                    #返回 2 的 10 次方
1024.0
>>>sum([0.3,0.4,0.5])                 #利用内置函数 sum 求和
1.2000000000000002
>>>math.fsum([0.3,0.4,0.5])           #利用 fsum 函数求和
1.2
>>>math.gcd(12,18)                    #求 12 和 18 的最大公约数
6
>>>math.factorial(4)                  #求 4 的阶乘
24
>>>math.hypot(6,8)                    #求（6,8）坐标到原点（0,0）的距离
10.0
>>>math.exp(3)                        #求 e 的 3 次方
20.085536923187668
>>> math.log(16,2)                    #求以第二个参数 2 为底 16 的对数
4.0
>>> math.log(math.e)                  #求以 e 为底 math.e 的对数
1.0
>>> math.log10(100)                   #求以 10 为底 100 的对数
2.0
>>> math.degrees(math.pi)             #将π弧度转换为角度
180.0
>>> math.radians(180)                 #将角度转换为弧度
```

```
3.141592653589793
>>> math.sin(math.radians(90))          #求三角正弦值
1.0
>>> math.asin(1)                         #求反三角正弦值
1.5707963267948966
>>> math.cos(math.pi)                    #求π的余弦值
-1.0
>>> math.acos(-1)                        #求反三角正弦值
3.141592653589793
>>> math.tan(math.pi/4)                  #求三角正切值
0.999999999999999
>>> math.atan(1)                         #求反三角正切值
0.7853981633974483
```

math 库中函数的功能非常全面，部分功能覆盖了内置函数。比如，math 库中的 fabs()、pow()、fsum()函数的功能与内置函数 abs()、pow()、sum()的功能相似，但有微小区别，前者 math 库函数返回值的类型是浮点型，而后者内置函数返回值的类型由函数的参数决定，可能是整型，也可能是浮点型。由于浮点数是非精确运算，因此，在 Python 中涉及浮点数运算时建议采用 math 库函数来实现。

【例 5-9】输入三角形的三边长，求三角形的周长和面积。

设三角形的三边长分别为 a，b 和 c，从键盘输入。

```
import math
a=eval(input("边长 a="))
b=eval(input("边长 b="))
c=eval(input("边长 c="))
if a>0 and b>0 and c>0 and b+c>a and c+a>b and a+b>c:
    s=(a+b+c)/2
    area=math.sqrt(s*(s-a)*(s-b)*(s-c))
    L=a+b+c
    print("三角形的三边长为: {}, {}和{}".format(a,b,c))
    print("面积为: {:.1f}".format(area))
    print("周长为: {:.1f}".format(L))
```

执行程序时，输入的三边长分别为 6、8 和 10，运行结果如下：

```
边长 a=6
边长 b=8
边长 c=10
三角形的三边长为: 6, 8和10
面积为: 24.0
周长为: 24.0
```

【例 5-10】一年有 365 天，以第一天的学习能力值作为基数，记作 1.0。假设每天认真学习，学习能力值相比前一天提高千分之一；每天消极懈怠，学习能力值相比前一天下降千分之一。求每天认真学习和每天消极懈怠，一年后学习能力值相差多少。

```
import math
study_hard=math.pow((1+0.001),365)      #认真学习,能力值提高千分之一
study_poor=math.pow((1-0.001),365)      #消极懈怠,能力值下降千分之一
print("认真学习: {:.2f}".format(study_hard))
print("消极懈怠: {:.2f}".format(study_poor))
```

程序运行结果如下:

```
认真学习: 1.44
消极懈怠: 0.69
```

可见,每天认真学习,一年后学习能力值将比每天消极懈怠高 0.75。

【例 5-11】 一年有 365 天,一周有 5 个工作日,仍然以第一天的学习能力值 1.0 作为基数。假设每个工作日认真学习,学习能力值会相比前一天提高百分之一;每个周末放松娱乐,学习能力值会相比前一天下降百分之一。一年后学习能力值为多少?

```
import math
study_hard=1.0
for i in range(365):
    if i%7==6 or i%7==0:
        study_hard=study_hard*(1-0.01)
    else:
        study_hard=study_hard*(1+0.01)
print("工作日认真学习, 周末放松娱乐: {:.2f}".format(study_hard))
```

程序运行结果如下:

```
工作日认真学习, 周末放松娱乐: 4.63
```

可见,仅在工作日认真学习,一年后学习能力值会提高 4.63 倍。

5.4 time 库概述

处理时间是程序最常用的功能之一,time 库是 Python 提供的用于处理时间的标准库。time 库提供了一系列操作时间的函数,可以实现程序计时、分析程序性能等与时间相关的功能。

time 库中的函数不能直接使用,应先使用保留字 import 导入 time 库。基本使用方法如下:

```
>>>import time
```

time 库函数的功能主要分为三类:时间处理、时间格式化和计时。

时间处理功能函数主要包括:time.time()、time.gmtime()、time.localtime()、time.ctime()等 4 个函数。

时间格式化功能函数主要包括:time.mktime()、time.strftime()、time.strptime()等 3 个函数。

计时功能函数主要包括:time.sleep()、time.monotonic()、time.perf_counter()等 3 个函数。

① 使用 time.time()获取当前时间戳。调用该函数,执行结果如下:

```
>>>import time
>>>time.time()
1667550511.7324238
```

时间戳是从格林尼治时间 1970 年 01 月 01 日 00 分 00 秒（北京时间 1970 年 01 月 01 日 08 时 00 分 00 秒）起至现在的总秒数。

② 使用 time.gmtime() 获取当前时间戳对应的 struct_time 对象。调用该函数，执行结果如下：

```
>>>time.gmtime()
time.struct_time(tm_year=2022, tm_mon=11, tm_mday=4, tm_hour=17, tm_min=6,
tm_sec=31, tm_wday=4, tm_yday=308, tm_isdst=0)
```

元组 struct_time 是一类对象，Python 中定义了一个元组 struct_time 将所有这些变量组合在一起，包括：4 位数表示的年、月、日、小时、分、秒等。

Python 语言中获取时间常用的方法是，先获取时间戳，再将其转换为想要的时间格式。

③ 使用 time.localtime() 获取当前时间戳对应的本地时间的 struct_time 对象。调用该函数，执行结果如下：

```
>>>time.localtime()
time.struct_time(tm_year=2022, tm_mon=11, tm_mday=5, tm_hour=1, tm_min=6,
tm_sec=53, tm_wday=5, tm_yday=309, tm_isdst=0)
```

运行结果与 time.gmtime() 的区别是 time.localtime() 的结果已经转换为北京时间。

④ 使用 time.ctime() 获取当前时间戳对应的本地时间，并将其以易读字符串的形式显示。调用该函数，执行结果如下：

```
>>> time.ctime()
'Sat Nov 5 01:17:36 2022'
```

⑤ 调用 time.mktime(t) 函数，可以将 struct_time 对象 t 转换为时间戳，参数 t 代表本地时间。调用该函数，执行结果如下：

```
>>>t=time.localtime()
>>>time.mktime(t)
1667583238.0
>>>time.ctime(time.mktime(t))
'Sat Nov 5 01:33:58 2022'
```

⑥ time.strftime() 函数是时间格式化最有效的方法。能够将时间以多种通用格式输出，该方法采用一个格式字符串，表示时间格式。

```
>>>t=time.localtime()
>>>t
time.struct_time(tm_year=2022, tm_mon=11, tm_mday=5, tm_hour=1, tm_min=46,
tm_sec=4, tm_wday=5, tm_yday=309, tm_isdst=0)
>>>time.strftime("%Y-%m-%d %H:%M:%S",t)
'2022-11-05 01:46:04'
```

⑦ time.strptime() 方法与 time.strftime() 方法完全相反，功能是提取字符串中的时间生成 struct_time 对象，可以很灵活地作为 time 模块的输入接口。

```
>>> t="2022-11-05 01:46:04"
>>> time.strptime(t, "%Y-%m-%d %H:%M:%S")
time.struct_time(tm_year=2022, tm_mon=11, tm_mday=5, tm_hour=1, tm_min=46,
tm_sec=4, tm_wday=5, tm_yday=309, tm_isdst=-1)
```

⑧ time.sleep()函数的作用是在给定时间内挂起(等待)当前线程的执行。参数形式为time.sleep（seconds），这里 seconds 表示输入的时间（秒），比如：

```
>>>time.sleep(3)
```

表示在执行到这个语句时，Python 就会将程序推迟 3 秒后，再继续执行下一个语句。

⑨ time.monotonic()函数是用于获取单调时钟的值，无参数。单调时钟是不能向后移动的，由于没有定义单调时钟返回值的参考点，因此仅连续调用结果之间的差值有效。

⑩ time.perf_counter()函数的作用是返回当前的计算机系统时间。通常，只有连续两次perf_counter()进行差值才能有意义，一般用于计算程序的运行时间。

程序计时是一项非常常用的功能。程序计时主要包括三个要素：程序开始和结束时间、程序运行总时间、程序核心功能模块的运行时间。下面以 10 亿次循环计时为例，说明程序计时功能的实现过程。

【例 5-12】程序计时功能应用：以 10 亿次循环为主体，模拟程序核心功能模块。

```
import time
start=time.localtime()
print("程序开始时间: ",time.strftime("%Y-%m-%d %H:%M:%S",start))
start_Time=time.perf_counter()          #开始计时
for i in range(10000):                  #程序核心模块
        for j in range(10000):
                pass
end_Time=time.perf_counter()            #结束计时
total_sum=end_Time-start_Time           #计算程序运行时间
end=time.localtime()
print("程序运行时间为: ",total_sum)
print("程序结束时间: ",time.strftime("%Y-%m-%d %H:%M:%S",end))
```

程序运行结果如下：

```
程序开始时间: 2022-11-04 01:03:47
程序运行时间为: 2.184235
程序结束时间: 2022-11-04 01:03:49
```

 习题

一、选择题

二、填空题

1. random 库主要包括两类函数：_____函数和_____函数。

2. random 库中，_____函数的作用是初始化随机种子。

3. Python 标准库 random 中函数_____的作用是从序列中随机返回一个元素。

4. random 库中，_____函数的作用是将列表中的元素随机乱序，返回新序列。

5. 假设 math 标准库已导入，那么表达式 eval('math.sqrt(4)')的值为_____。

三、程序填空题

1. 使用 turtle 库函数绘制一个等边三角形，边长为 300 像素。

```
import turtle
for i in range(____(1)____):
        ____(2)____
        turtle.forward(____(3)____)
```

2. 使用 turtle 库函数绘制一个正方形，边长为 150 像素。

```
import turtle
for i in range(____(1)____):
        ____(2)____
        turtle.forward(____(3)____)
```

3. 使用 turtle 库函数绘制一个边长为 200 像素的正八边形。运行效果如图 5-10 所示。

```
import turtle as t
t.pensize(3)
d=0
for i in range(1,____(1)____):
        ____(2)____
        d+=____(3)____
        t.seth(d)
```

4. 使用 turtle 库函数绘制一个边长为 200 像素的正方形及其外接圆。运行效果如图 5-11 所示。

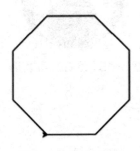
图 5-10　正八边形

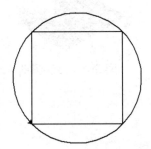
图 5-11　正方形及其外接圆

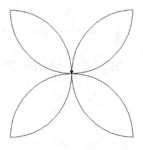
图 5-12　四瓣花图形

```
import turtle as t
t.pensize(3)
for i in range(____(1)____):
        t.forward(200)
        t.left(____(2)____)
t.left(____(3)____)
t.circle(____(4)____*pow(2,0.5))
```

5. 使用 turtle 库函数绘制一个四瓣花图形，运行效果如图 5-12 所示。

```
from turtle import *
for i in range(____(1)____):
    seth(____(2)____)
    circle(300,90)
    seth(____(3)____)
    circle(300,90)
```

6. 以 456 为随机数种子，随机生成 20 个在 1 到 1000（不含）之间的随机整数，以逗号分隔，打印输出。

```
import random
____(1)____
for i in range(____(2)____):
    print(____(3)____,end=",")
```

四、编程题

1. 使用 turtle 库中的函数绘制一个外三角形边长为 200 像素、内三角形边长为 100 像素的叠加等边三角形，效果如图 5-13 所示。

2. 使用 turtle 库中的函数绘制一个菱形，边长为 200 像素，四个内角角度为两个 60°和两个 120°，填充颜色为红色，效果如图 5-14 所示。

3. 利用 turtle 库中的函数绘制三层内切圆，圆的半径分别是 200 像素、150 像素、100 像素，填充颜色分别为绿色、黄色和紫色，效果如图 5-15 所示。

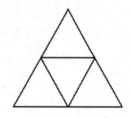

图 5-13　绘制内外三角形　　　　图 5-14　绘制菱形　　　　图 5-15　绘制三层内切圆

第6章
函数和代码复用

◀◀◀

 学习目标

- 掌握函数的定义和调用方法。
- 掌握函数的参数传递，包括可选参数传递和参数名称传递。
- 掌握变量的作用域，包括局部变量和全局变量。
- 理解 lambda 函数。
- 理解函数递归的定义和使用方法。

6.1 函数的基本使用

函数是指一个能实现特定功能、可重用的语句组。可以通过函数名表示函数和调用函数。经过定义，一组语句等价于一个函数，在程序中需要使用这组语句的地方，可以直接调用函数名称。因此，函数主要包括函数的定义与函数的使用。

使用函数主要有两个目的：提升代码可读性和增加代码复用性。函数能够根据问题的需要实现特定的功能，利用函数可以将一个复杂的大问题分解成一系列简单的小问题，为每个小问题编写程序，通过函数封装，分别解决每个小问题，大的复杂问题就会迎刃而解。函数具备一次定义多次调用的特点，因此，它可以在一个程序中的多个位置多次调用，也可以在多个不同的程序中多次调用。如果代码需要修改，只需在函数定义中修改一次，所有调用位置的功能随即同步更新。这种代码复用方式，减少了代码行数，提升了程序的可读性，降低了代码的维护难度。

6.1.1 函数的定义

Python 语言定义函数使用 def 关键字，语法格式如下：

def <函数名称>(<参数列表>):
    <函数体>
    return <返回值列表>

关于函数的定义说明如下：

函数定义以 def 关键字开头，函数名称可以是任意有效的 Python 标识符，参数列表是调用该函数时传递给它的值，参数的个数可以是零、一个或多个，参数之间用逗号间隔，即使没有参数，圆括号也必须保留。参数列表中的参数是形式参数，简称为"形参"，相当于实际参数的一种符号表示或占位符。函数声明以冒号结束，函数体需要缩进，函数每次被调用时，执行函数体中的语句。函数如果需要返回值，可以使用关键字 return 将返回值列表传递给调用语句，如果函数定义中没有 return 语句，那么仅是执行了函数体的功能，并没有返回值，当函数体运行结束后会将控制权返回给调用者。

【例 6-1】定义一个对整数 k 求阶乘的函数。

```
def fact(k):
    n=1
    for i in range(1,k+1):
        n=n*i
    return n
```

函数定义也叫函数声明，定义后的函数是不能直接运行的。如果运行以上函数代码，不会有任何输出结果，因为此处只是对函数 fact() 进行了定义。函数需要通过调用，才能得到运行结果。

6.1.2 函数的调用

函数通过函数名加上一对圆括号来调用，参数放在圆括号的内部，多个参数之间用逗号进行分隔。调用函数的基本方法如下：

<函数名>(<实际参数值>)

其中：实际参数值简称实参，它是在程序运行时，实际传递给函数的数据，实际参数值要与函数定义时的形参列表一一对应。使用函数时，要求定义函数在前，调用函数在后。

下面来看几个完整的函数定义和调用的例子。

【例 6-2】定义一个求阶乘函数，输入整数 k，返回 k 的阶乘。

```
def fact(k):
    n=1
    for i in range(1,k+1):
        n=n*i
    return n
k=int(input("请输入一个整数: "))
print(fact(k))
```

程序的运行结果如下：

```
请输入一个整数: 6
720
```

在上面的代码中，第 1~5 行是函数定义，第 7 行是函数调用。每次调用函数，可以输入不同的参数，从而实现对不同数据的处理。

【例6-3】编写函数，函数的功能是求 1+2+3+…+100 的和。

```
def cal_sum():
    sum=0
    for i in range(1,101):
        sum=sum+i
    return sum
print(cal_sum())
```

程序的运行结果如下：

```
5050
```

上面的函数能够求出 1~100 的和，而不能求出任意连续整数的和。如果要实现对任意连续的整数求和，就需要对以上代码进行修改。

【例6-4】编写函数，函数的功能是对任意连续整数求和。

分析：对任意连续整数求和，意味着需要告诉 cal_sum() 函数累加的初值和终值，因此需要将初值和终值作为参数传递给函数，函数代码修改如下：

```
def cal_sum(k1,k2):
    sum=0
    for i in range(k1,k2+1):
        sum=sum+i
    return sum
k1=int(input("初值: "))
k2=int(input("终值: "))
s=cal_sum(k1,k2)
print(s)
```

程序的运行结果如下：

```
初值: 51
终值: 150
15050
```

【例6-5】编写函数，判断一个整数是否为素数。

```
def is_prime(n):
    for i in range(2,n):
        if n%i==0:
            return False
    return True
x=int(input("请输入一个整数: "))
if is_prime(x)==True:
    print("这是一个素数! ")
else:
    print("这不是一个素数! ")
```

第一次运行程序，程序的运行结果分别为：

```
请输入一个整数: 5
这是一个素数!
```

第二次运行程序，程序的运行结果分别为：

请输入一个整数: 8
这不是一个素数!

is_prime()函数实现了判断素数的功能，需要传入的参数只有一个，函数返回的判断结果有两种：True 或者 False。

【例6-6】编写程序，求解以下三个问题。

① 求出 2~50 中的所有素数。

② 求出 2~50 中的所有孪生素数。孪生素数是指相差为 2 的素数对，比如 3 和 5、5 和 7 等。

③ 将 4~20 中所有的偶数，分解成两个素数之和，比如 6=3+3,8=3+5。

先定义函数，判断一个整数是否为素数：

```python
def is_prime(n):
    for i in range(2,n):
        if n%i==0:
            return False
    return True
```

① 求出 2~50 中的所有素数：

```python
for i in range(2,50+1):
    if is_prime(i)==True:
        print("{:<5}".format(i),end='')
```

② 求出 2~50 中的所有孪生素数：

```python
for i in range(2,50+1):
    if is_prime(i)==True and is_prime(i+2)==True :
        print("{:<5},{:<5}".format(i,i+2))
```

③ 将 4~20 中所有的偶数，分解成两个素数之和：

```python
for i in range(4,20,2):
    for j in range(2,i):
        if is_prime(j)==True and is_prime(i-j)==True :
            print("{:<5}={:<5}+{:<5}".format(i,j,i-j) , end='')
```

程序的运行结果如下：

```
2    3    5    7    11   13   17   19   23   29   31   37
41   43   47
```

```
3    ,5
5    ,7
11   ,13
17   ,19
29   ,31
41   ,43
```

```
4    =2   +2   4    =3   +1   6    =3   +3   6    =5   +1
8    =3   +5   8    =5   +3   8    =7   +1   10   =3   +7
```

10	=5	+5	10	=7	+3	12	=5	+7	12	=7	+5
12	=11	+1	14	=3	+11	14	=7	+7	14	=11	+3
14	=13	+1	16	=3	+13	16	=5	+11	16	=11	+5
16	=13	+3	18	=5	+13	18	=7	+11	18	=11	+7
18	=13	+5	18	=17	+1					

以上三个问题，都和素数相关，看似不同却存在联系。先将判断素数的功能定义为一个函数，那么相关问题都可以通过调用函数来求解，提高了代码的复用性。

【例6-7】编写程序，输出所有的水仙花数，统计水仙花数的个数。

```
def fun(n):
    a=n%10
    b=n//10%10
    c=n//100
    if a*a*a+b*b*b+c*c*c==n:
        return True
    else:
        return False
count=0
for i in range(100,999):        #水仙花数所属的数据范围
    if fun(i)==True:
        print(i)
        count=count+1
print("水仙花数的个数为：{}".format(count))
```

程序的运行结果如下：

```
153
370
371
407
水仙花数的个数为：4
```

【例6-8】如果一个数恰好等于它的真因子之和，则称该数为"完满数"（比如：6是完满数，1+2+3=6）。编写程序，输出100以内的所有完满数，并统计完满数的个数。

```
def fun(n):
    sum=0
    for i in range(1,n):        #此处可为多行函数定义代码
        if n%i==0:
            sum+=i;
    if n==sum:
        return True
    else:
        return False
count=0
for i in range(1,100+1):        #完满数所属的数据范围
    if fun(i)==True:
```

```
        print(i)                    #此处为一行代码
        count=count+1
print("完满数的个数为: {}".format(count))
```
程序的运行结果如下:

```
6
28
完满数的个数为: 2
```

函数的调用共分为以下 4 个步骤:

（1）函数定义

使用 def 关键字将一组语句定义为函数，同时需要确定函数名称、参数个数、参数名称，并使用参数名称作为形式参数（占位符）编写函数内部的功能代码。

（2）函数调用

通过函数名调用函数，并对函数的各个参数赋予实际值。实际值可以是实际数据，也可以是在调用函数前已经定义过的变量或表达式。

（3）函数执行

函数被调用后，采用实际参数（赋予形参的实际值）参与函数内部代码的执行，如果有结果则进行输出。

（4）函数返回

函数执行结束后，根据 return 关键字的指示决定是否返回结果，如果返回结果，则结果将被放置在函数被调用的位置，函数调用完毕，程序继续运行。

在程序设计中，大量使用函数已经成为一种编程范式，叫作函数式编程。函数式编程的主要思路是将程序编写设计为一系列函数调用，这种代码编写风格更简洁，更利于理解，是目前中小规模软件设计中最常用的编程方式。

6.2 函数的参数和返回值

6.2.1 可选参数

在定义函数时，如果希望函数的一些参数是可选的，则可以在定义函数时直接为这些参数指定默认值。调用该函数时，如果没有传入对应的实参值，则函数使用定义时指定的默认参数值替代，因此函数定义时的语法格式可修改如下:

def <函数名称>(<非可选参数列表>,<可选参数>=<默认值>):

    <函数体>

    return <返回值列表>

【例 6-9】可选参数的应用。

```
def  add_sum(a,b=10):
    print(a+b)
add_sum(20)
add_sum(20,30)
```

程序的运行结果如下:

```
30
50
```

需要注意的是，可选参数一般都位于非可选参数的后面，即在定义函数时，要先给出所有的非可选参数，然后再分别列出每个可选参数及其对应的默认值，否则程序运行时会报告异常。

6.2.2 名称传递参数

调用函数时，实参默认按照位置顺序传递参数，按照位置顺序传递的参数称为位置参数，例如【例6-9】add_sum(20,30)中，第一个实参20默认赋值给形参a，第二个实参30赋值给形参b。调用函数时，也可以通过名称指定传入的参数，按照名称指定传入的参数称为名称参数，也称关键字参数。语法格式如下：

<函数名称>(<参数名称>=<实际值>)

采用参数名称传递的方式，将【例6-9】中的函数调用进行修改。

【例6-10】名称传递参数的应用。

```
def  add_sum(a,b=10):
    print(a+b)
add_sum(a=20)
add_sum(b=30,a=20)
```

程序的运行结果如下：

```
30
50
```

使用名称传递参数具有三个优点：参数意义明确；参数之间的顺序可以任意调整；如果存在多个可选参数，可以选择指定某个参数值。因此，采用名称传递的方式会显著提升程序的可读性。

6.2.3 可变参数

在函数定义时，使用带星号的参数，如*targs，则意味着允许向函数传递可变数量的参数，参数的个数可以任意。可变参数有两种形式：参数名称前加一个星号(*)或者加两个星号(**)。具有星号的可变参数只能出现在参数列表的最后。定义可变参数的函数，语法格式如下：

def <函数名称>(formal_args,*targs,**dargs):

　　　<函数体>

　　　return <返回值列表>

其中：formal_args是定义的传统参数，可以表示一组参数，*targs和**dargs表示可变参数。函数传入的参数个数会优先匹配formal_args参数的个数，*targs以元组的形式存储多余的参数，**dargs以字典的形式存储具有指定名称形式的参数。

函数调用时，如果实参的参数个数与formal_args的个数相同，那么可变参数会返回空的元组或者字典。如果实参的参数个数大于formal_args的个数，可以分为两种情况：

① 传入的参数如果没有指定名称，那么*targs以元组的形式存储多余的参数；

② 传入的参数如果已经指定名称，如key=10，那么**dargs将以字典的形式存储这些已

被命名的参数。

【例 6-11】利用可变参数输出名单。

```python
def  poets(*t):        #t 为可变参数
    for i in t:
        print("{:5}".format(i),end='')
    return len(t)
num=poets("李商隐","杜牧")
print("共计{}人".format(num))
num=poets("李商隐","杜牧","王安石","苏轼")
print("共计{}人".format(num))
```

程序的运行结果如下：

```
李商隐  杜牧    共计 2 人
李商隐  杜牧    王安石  苏轼    共计 4 人
```

poets()函数中定义了可变参数 t，调用 poets()函数时，输入的("李商隐", "杜牧")被当作元组传递给 t。元组是 Python 语言的一种组合数据类型，将在第 7 章中详细介绍元组类型，这里可将元组简单理解为一组元素。

【例 6-12】利用可变参数求人数和、分数和。

```python
def  poets(**d):          #d 为可变参数
    sum=0
    print(d)
    for key in d:
        sum+=d[key]
    return sum
print(poets(boy=10,girl=20))
print(poets(Chinese=90,Math=85,English=80,Computer=75))
```

程序的运行结果如下：

```
{'girl': 20, 'boy': 10}
30
{'Chinese': 90, 'Math': 85, 'English': 80, 'Computer': 75}
330
```

poets()函数中定义了可变参数 d，调用 poets()函数时，输入的 "Chinese=90,Math=85, English=80,Computer=75" 被当作字典传递给 d。字典是 Python 语言的一种组合数据类型，将在第 7 章中详细介绍，这里可将字典简单理解为由成对的数据构成的一组元素。

6.2.4 函数的返回值

return 语句用来退出函数并将程序返回到函数被调用的位置继续执行。return 语句也可以出现在函数体中的任意位置，函数的返回值也可以是任何数据类型。return 语句可以将零个、单个或多个运算结果返回给函数被调用位置的变量。

【例 6-13】将【例 6-9】中函数进行修改，分析函数修改后的运行结果。

```python
def  add_sum(a,b=10):
    print(a+b)
```

```
s=add_sum(20,30)
print(s)
```
修改后程序的运行结果如下：
```
50
None
```
如果函数定义中没有 return 语句，那么函数就没有返回值。

当 return 需要返回多个值时，这些值就构成了一个元组数据类型，由小括号和逗号分隔，可以采用一个变量或多个变量存储返回值。程序修改如下：
```
def  add_sum(a,b=10):
    return a*b,a+b
s=add_sum(20,30)
print(s)
x,y=add_sum(20,30)
print(x)
```
修改后程序的运行结果如下：
```
(600,50)
600
```
如果函数存在多个结束条件，那么将在函数中使用多个 return 语句，示例如下：
```
def many_return():
    try:
        if x<0:
            return x*x
        else:
            return x+x
    except:
        return False
```
由于 many_return()函数中存在 try-except 异常处理和 if-else 分支结构，所以函数中使用了 3 个 return 语句，无论执行了哪个 return 语句，都会退出函数并将程序返回到函数被调用的位置。

6.3　变量的作用域

变量的作用域就是变量在程序中起作用的范围，一个程序中的变量包括两类：局部变量和全局变量。

6.3.1　局部变量

在函数内部定义的变量叫作局部变量，其作用范围是从函数定义的位置开始，到函数执行结束。局部变量只在函数内部使用，函数退出时将不再存在，它与函数外部具有相同名称的变量没有任何关系。在不同的函数体中，也可以定义相同名称的局部变量，它们之间同样没有任何关系、互不影响。此外，函数的参数也属于局部变量。

【例6-14】 变量的作用域之局部变量。

```
def  add_sum(a,b=10):
    sum1=a+b              #sum1 是函数内部定义的局部变量
    return sum1
s=add_sum(20,30)
print(s)
print(sum1)
```

程序的运行结果如下：

```
50
Traceback (most recent call last):
File "C:\Users\luziwei\Desktop\第 6 章 函数例题\6-12.py", line 7, in <module>
    print(sum1)
NameError: name 'sum1' is not defined
```

变量 sum1 是在函数 add_sum()中定义并使用的局部变量，当函数执行结束时，变量 sum1
将不再存在。

6.3.2 全局变量

在函数外部定义的变量叫作全局变量。全局变量在程序执行的全过程有效，可以在整个
程序范围内访问。

【例6-15】 变量的作用域之全局变量。

```
def  fun():
    a=10
    return a*a
a=1000
print(a)
print(fun())
```

程序的运行结果如下：

```
1000
100
```

如果将以上函数定义修改如下：

```
def  fun():
    return a*a
a=1000
print(a)
print(fun())
```

以上代码中只有一个 a 变量，并且 a 是在函数外部赋值的，因此它是全局变量。在函数
fun()中，也要访问全局变量 a，所以程序的运行结果如下：

```
1000
1000000
```

当局部变量和全局变量同名时，Python 语言解释器遵循的原则是：局部变量屏蔽全局变
量，简称"局部优先"原则。

【例6-16】局部变量和全局变量同名。

```
def fun():
    a=5
    print("fun 函数内: a=",a)
    return a*a
a=10
print("fun()=",fun())
print("fun 函数外: a=",a)
```

程序的运行结果如下：

```
fun 函数内: a=5
fun()=25
fun 函数外: a=10
```

如果一定要在函数 fun()的内部访问全局变量 a，应该怎么办呢？此时，只要使用关键字 global 声明将使用全局变量即可，语法格式如下：

global <全局变量>

【例6-17】函数内部访问全局变量。

```
def fun():
    global a
    a=5
    print("fun 函数内: a=",a)
    return a*a


a=10
print("fun()=",fun())
print("fun 函数外: a=",a)
```

上述程序中，由于在 fun()函数体中有"global a"这条语句，所以访问的就是全局变量 a，就将全局变量 a 重新赋值为 5，因此程序的运行结果为：

```
fun 函数内: a=5
fun()=25
fun 函数外: a=5
```

6.4 lambda 函数

lambda 函数，又称匿名函数，它是一种简便的、在同一行定义函数的方法。lambda 实际上是生成了一个函数对象，通常应用于需要函数对象作为参数的场合。

lambda 函数的定义语法格式如下：

<函数名>=lambda <参数列表>:<函数语句>

lambda 是关键字，参数列表与函数定义中的参数列表是一样的，这里不需要将参数列表放在小括号中，冒号后面是函数语句，且只能是一条语句，函数语句的结果作为 lambda 函数的返回值，这里不需要使用 return 语句。lambda 函数只能用于定义简单的、能在一行内表示的函数。

【例6-18】lambda 函数的应用。

```
fun= lambda x,y : x*y
print(type(fun))
print(fun(5,30))
```

程序的运行结果如下：

```
<class 'function'>
150
```

如果只需要一个函数，lambda 是一个很好的选择，因为它可以被看作是定义函数的一种更简单的方法。可以给 lambda 函数起名，并像普通函数一样使用它。

【例6-19】lambda 函数求和。

```
lambda_add_ten = lambda x: x +10
print(lambda_add_ten(10))
```

程序的运行结果如下：

```
20
```

```
def add_ten(x):
    return x +10
print(add_ten(10))
```

程序的运行结果如下：

```
20
```

以上 add_ten()函数和 lambda_add_ten()函数的执行结果是相同的，但是 lambda 函数可以使程序的代码更短更清晰。

6.5 递归函数

递归作为一种算法在 Python 语言程序设计中广泛应用，它通常被理解为以自相似的方式重复地实现特定功能的过程。递归算法只需要少量的代码就能够描述出解题过程所需要的多次重复计算，大大地减少了程序的代码量。一个函数在它的函数体内调用它自身称为递归调用，这种函数称为递归函数。

在 Python 语言中，一个函数既可以调用另一个函数，也可以调用它自己。在本函数体内直接调用本函数，称直接递归；在本函数体内调用其他函数，而其他函数又调用了本函数，这一过程称间接递归。

【例6-20】阶乘的递归定义如下：

$$n!=\begin{cases}1 & n=1\\n\times(n-1)! & n>1\end{cases}$$

用递归法计算 $n!$，并输出 1~10 的阶乘。程序如下：

```
def ffac(n):
    if n==1:
        return 1
```

```
    else:
        return n*ffac(n-1)
for i in range(1,10+1):          #输出 1~10 的阶乘
    print("{}!={}".format(i,ffac(i)))
```

程序的运行结果如下：

```
1!=1
2!=2
3!=6
4!=24
5!=120
6!=720
7!=5040
8!=40320
9!=362880
10!=3628800
```

从求 n!的递归程序可以看出，每个递归函数必须包含两个要素：

① 边界条件。递归的边界条件也称为结束条件，用于返回函数值，它本身不再使用递归调用。如【例 6-20】，当 n=1 时，return 返回 1，不再调用 "ffac(n-1)"。

② 递归步骤。递归步骤是使问题向边界条件转化的规则，将第 n 步的函数与第 n-1 步的函数建立关联，使问题变得越来越简单。如【例 6-20】，递归步骤为 "n*ffac(n-1)"，将求 n 的阶乘问题转换为求(n-1)的阶乘。

【例 6-21】斐波那契数列的递归定义如下：

$$f_n = \begin{cases} 1 & n=1,2 \\ f_{n-1}+f_{n-2} & n \geqslant 3 \end{cases}$$

输出斐波那契数列的前 20 项。

分析：由以上斐波那契数列的定义可知，当 n=1 或 n=2 时，f_n=1，递归结束；当 n≥3 时，将第 n 步的函数与第 n-1 步和第 n-2 步的函数建立关联，每次递归调用参数 n 均变小，直到参数值收敛到边界条件 n=1 或 n=2。

```
def  feibo(n):
    if n==1 or n==2:
        return 1
    else:
        return feibo(n-1)+feibo(n-2)
for i in range(1,20+1):          #输出 1~20 的斐波那契数列
    print("{:<10}".format(feibo(i)),end=" " if i%4!=0  else "\n")
```

程序的运行结果如下：

1	1	2	3
5	8	13	21
34	55	89	144
233	377	610	987
1597	2584	4181	6765

【例 6-22】最大公约数的递归定义如下：

$$\gcd(x,y)=\begin{cases} x & y=0 \\ \gcd(y,x\%y) & y\neq0 \end{cases}$$

用递归方法求两个数的最大公约数。

分析：以上计算最大公约数的递归算法称为欧几里得算法。求两个整数的最大公约数的边界条件是当 $y=0$ 时，gcd (x,y) 的值为 x；递归步骤是 gcd $(y, x\%y)$，每次递归 $x\%y$ 都逐渐减小，直到收敛到 0 为止。

```
def  gcd (x,y):
    if y==0:
        return x
    else:
        return gcd (y, x%y)
print("gcd(6,12)=",gcd(6,12))
print("gcd(12,21)=",gcd(12,21))
print("gcd(20,30)=",gcd(20,30))
```

程序的运行结果如下：

```
gcd(6,12)= 6
gcd(12,21)= 3
gcd(20,30)= 10
```

 习题

一、选择题

二、填空题

1. 已知 f=lambda x: x+5，那么表达式 f(3)的值为_____。

2. 已知 g=lambda x, y=3, z=5: x+y+z，那么表达式 g(2)的值为_____。

3. 已知 f=lambda x: 5，那么表达式 f(3)的值为_____。

4. 已知 f=lambda :8，那么表达式 f()的值为_____。

三、程序填空题

1. 从键盘输入两个数（换行），调用函数 gcd()输出两个数的最大公约数并显示在屏幕上。请完善代码。

```
def gcd(x,y):
    if x<y:
        x,y=y,x
    while x%y!=0:
```

```
            (1)
        x=y
        y=r
    return y
#请输入第一个正整数:
a=eval(input())
#请输入第二个正整数:
b=eval(input())
gcdab=gcd(a,b)
print("{}和{}的最大公约数是{}".format(a,b,____(2)____))
```

2. 输入一个自然数 n，如果 n 为奇数，输出表达式 $1+1/3+\cdots+1/n$ 的值；如果 n 为偶数，输出表达式 $1/2+1/4+\cdots+1/n$ 的值，结果保留 2 位小数。请完善代码。

```
def fun(n):
        (1)
    if    (2)    :
        for i in range(1,n+1,2):
            sum+=1/i
    else:
        for i in range(2,n+1,2):
            sum+=1/i
    return sum
n=int(input("请输入一个自然数: "))
print(    (3)    )
```

四、编程题

1. 编写函数 fun(n)，其功能是：求 $1\times2\times3\times\cdots\times n$，并作为函数值返回。调用该函数求 $1!+2!+3!+\cdots+10!$。

2. 编写函数 fun(n)，其功能是：求 $1+2+\cdots+n$，调用该函数求 $1+(1+2)+(1+2+3)+\cdots+(1+2+\cdots+20)$。

3. 编写函数 fun(n)，其功能是：判断 n 是否为素数，若是素数，函数值为 1，若不是素数，函数值为 0。调用该函数求 $2\sim100$ 中所有素数之和。

第 7 章
组合数据类型

▶▶▶

 学习目标

- 理解组合数据类型的基本概念。
- 理解列表概念并掌握 Python 中列表的使用。
- 理解元组概念并掌握 Python 中元组的使用。
- 理解字典概念并掌握 Python 中字典的使用。
- 理解集合概念并掌握 Python 中集合的使用。

7.1 组合数据类型概述

第 3 章介绍了数字类型，包括整数类型、浮点数类型、复数类型，这些类型仅能表示一个数据，这种表示单一数据的类型称为基本数据类型。然而，在实际应用中，有时需要处理大量的数据，例如，处理全班学生 30 名学生的成绩，使用基本数据类型需要 30 个变量存储，这时就需要使用组合数据类型对一组数据进行批量处理了。组合数据类型能够将多个相同类型或不同类型的数据组织起来，使数据操作更有序，更容易。

Python 语言中最常用的组合数据类型有 3 大类，分别是序列类型、映射类型和集合类型。

序列类型是一个元素向量，元素之间存在先后关系，可以通过索引访问每个元素，也可以使用切片操作访问序列中的元素。序列中元素的值和类型可以相同也可以不同。序列类型包括列表类型、元组类型和字符串类型。字符串类型可以看成是单一字符的有序组合，属于序列类型，同时，由于字符串类型十分常用且单一字符串只表达一个含义，也被看作是基本数据类型。

映射类型是"键-值"数据项的组合，每个元素是一个键值对，元素之间是无序的。在序列类型中，采用序号访问元素值，而映射类型则由键去访问具体的值。映射类型的典型代表是字典类型。

集合类型是一组数据的集合，数据也称为元素。集合中的数据是无序的、不重复的。

从数据存储形式看，列表、元组、字符串、字典和集合都用于存放一系列的数据元素，但是，列表、元组和字符串中存放的数据元素有顺序关系，而字典和集合中存放的数据元素是无序的，因此也有教材将列表、元组和字符串定义为有序序列，字典和集合定义为无序序列。

7.2 序列

序列中可以存放多个数据元素，元素之间存在顺序关系，可以通过索引访问元素及进行切片操作，即序列类型中的列表、元组和字符串都可以进行索引、切片操作。序列类型如表 7-1 所示。

表 7-1 序列类型

序列	特点	示例
列表(list)	所有元素放到一对方括号 "[" 和 "]" 中，元素之间用逗号隔开，为可变序列	L=['a','b','c','d',3,4]
元组(tuple)	所有元素放到一对圆括号 "(" 和 ")" 中，元素之间用逗号隔开，为不可变序列	season=('春','夏','秋','冬')
字符串(str)	使用单引号、双引号、三引号作为定界符，为不可变序列	s='I am ok! ' stu="Jack"

序列类型除索引、切片操作方法是通用的之外，还有一些运算操作是通用的，如表 7-2 所示。

表 7-2 序列类型的通用运算

操作符	描述
x in s	如果 x 是 s 的元素，返回 True，否则返回 False
x not in s	如果 x 不是 s 的元素，返回 True，否则返回 False
s+t	连接 s 和 t
s*n 或 n*s	s 为序列，n 为数字时：将序列 s 复制 n 次
s[i]	索引，返回序列的索引值为 i 的元素
s[i: j]	切片，返回包含序列 s 索引值从 i 到 j-1（不含 j）的元素的子序列
s[i: j: k]	步骤切片，返回包含序列 s 索引值从 i 到 j-1（不含 j），以 k 为步长的元素的子序列

在 Python 中有一些内置函数，这些内置函数适用于所有序列类型，如表 7-3 所示。

表 7-3 序列类型的通用内置函数

函数	描述
len(seq)	返回序列 seq 的元素个数（长度）
min(seq)	返回序列 seq 中的最小元素
max(seq)	返回序列 seq 中的最大元素

7.3 列表

7.3.1 列表的概念

列表（list）是 Python 中非常重要的一种序列结构，它由一系列按特定顺序排列的元素组成，是一种可变序列。在形式上，列表可以包含 0 个或多个元素，所有元素都放到一对中括号 "[" 和 "]" 中，元素之间使用逗号分隔。在内容上，同一个列表中元素类型可以相同，也可以不同，可以同时包含整数、实数、字符串等基本类型，也可以是列表、元组、字典、集合等其他类型。

【例 7-1】列表的形式和内容示例如下：

```
>>>[1,2,3]
>>>['a','b','c','d','e','f']
```

说明： [1,2,3]是一个包含有 3 个元素的列表，元素具有相同类型（分别是整数 1、2、3）；['a','b','c','d','e','f']是一个包含有 6 个元素的列表，元素具有相同类型（分别是字符串'a'、'b'、'c'、'd'、'e'、'f'）。

```
>>>[1,2,'3']
>>>[3,4,5,5.5,7,9]
```

说明： [1, 2, '3']是一个包含 3 个元素的列表，元素有不同类型的数据：整数 1、2 和字符串'3'。[3,4,5,5.5,7,9] 是一个包含 6 个元素的列表，元素有不同类型的数据：整数 3、4、5、7、9 和实数 5.5。

```
>>>[[1,2,3],[[4,5],6],[7,8]]
>>>[1010,"1010",[1010,"1010"],1010]
```

说明： [[1,2,3],[[4,5],6],[7,8]]是一个列表，具有 3 个元素，都是列表类型，依次是[1,2,3]、[[4,5],6]和[7,8]；[1010, "1010", [1010, "1010"], 1010]是一个列表，有 4 个元素，依次是整数 1010、字符串"1010"、列表[1010, "1010"]和整数 1010。

列表没有长度限制，也不需要定义长度。没有元素的列表就是一个空列表：[]。列表属于可变类型，因此列表除了可以对元素进行访问外，还可以对列表的数据进行修改，即对列表元素进行增加、删除、修改、查找等操作。

7.3.2 列表的创建

① 使用赋值运算符直接创建列表变量：将一个列表赋值给变量。

【例 7-2】使用赋值运算创建列表示例如下：

```
>>>Ls=[1,2,3]                              #创建数值元素的列表
>>>Ls= ['a','b','c','d','e','f']           #创建包含字符串元素的列表
>>>aList=[1,2,'3']                         #创建列表 aList，包含不同类型的元素
>>>aList=[3,4,5,5.5,7,9,11,13,15,17]
>>>ls=[[1,2,3],[[4,5],6],[7,8]]            #创建列表 ls，包含列表类型的元素
>>>ls = [1010, "1010", [1010, "1010"], 1010]
#创建列表 ls，包含不同类型的元素
>>>L=[]                                    #创建一个空列表 L
>>>type(L)                                 #获得 L 的类型 list
<class 'list'>
```

② 使用 list()函数将元组、字符串、range 对象或其他可迭代对象类型转换为列表，或者生成空列表。

list()函数的语法格式：

list(x)

说明： 参数 x 为待转换的元组、字符串、集合、字典、range 对象或其他类型的可迭代对

象，可以省略 x。如果省略参数 x，则返回一个空列表。

【例 7-3】使用 list()函数创建列表示例如下：

```
>>> list(('12','34',56))
['12', '34', 56]
```

说明： 将元组('12','34',56)转换为列表时，将元组元素作为列表的元素，元素顺序保持不变，得到一个列表['12', '34', 56]。

```
>>> list('Python 语言程序设计')
['P', 'y', 't', 'h', 'o', 'n', '语', '言', '程', '序', '设', '计']
```

说明： 将字符串'Python 语言程序设计'转换为列表，是将字符串中每个字符依次分隔为单独的字符串作为列表的元素。

```
>>>list({"小明","小红","小白","小新"})    #将集合转变为列表
['小红', '小明', '小新', '小白']
>>>list({"201801":"小明","201802":"小红","201803":"小白"})
#将字典中的键转变为列表
['201801', '201802', '201803']
>>>a=list()                        #list()函数参数为空时，返回一个空列表
>>>a                               #创建空列表 a=[]，或 a=list()
[]
```

【例 7-4】使用 list()和 range()函数生成列表示例如下：

```
>>> list(range(10))                #将 range 对象转变为列表
[0, 1, 2, 3, 4, 5, 6, 7, 8, 9]
>>> list1= list(range(50, 60, 3))  #创建列表对象 list1
>>> list1
[50, 53, 56, 59]
>>> list2=list(range(10,20,2))     #转换生成新的列表
>>> list2
[10, 12, 14, 16, 18]
```

③ 使用列表推导式生成列表，通常有以下三种：

newlist=[exp for var in range]：根据 range 指定的范围生成由表达式 exp 定义的数值列表。

newlist=[exp for var in seq]：根据序列 seq 内容生成由表达式 exp 定义的列表。

newlist=[exp for var in range/seq if condition]：根据 range 或 seq 的内容生成由表达式 exp 定义并且符合 condition 条件的列表。

说明：

newlist：表示生成的新列表的变量名。

exp：一个表达式，用于计算新列表的元素。

var：循环变量名，值为 "in" 后的对象的每个元素值。

range：使用 range()函数生成的 range 对象，其指定了一个数值范围。

seq：一个序列（可以是列表、元组或字符串），其指定一个元素范围。

condition：一个条件表达式，用于指定筛选条件。

【例 7-5】使用列表推导式生成列表示例如下：

```
>>> lt = [x for x in range(10)]
>>> lt
[0, 1, 2, 3, 4, 5, 6, 7, 8, 9]
```

说明：从 range 对象的指定数值范围[0,10)依次生成一个数值 x，列表元素就是 range 生成的这个顺序的所有数值 x。

```
>>> lt = [x*x for x in range(10)]
>>> lt
[0, 1, 4, 9, 16, 25, 36, 49, 64, 81]
```

说明：从 range 对象的指定数值范围[0,10)依次生成一个数值 x，每一个 x 进行乘法运算，每一个乘法运算 x*x 表达式的值作为列表元素。

```
>>> ls=([2**i for i in range(5)])
>>> ls
[1, 2, 4, 8, 16]
```

说明：从 range 对象的指定数值范围[0,5)依次生成一个数值 i，每一个 2**i 的表达式值作为列表元素。

```
>>> lt=(0, 1, 4, 9, 16, 25, 36, 49, 64)
>>> list2=[i*0.5 for i in lt]
>>> list2
[0.0, 0.5, 2.0, 4.5, 8.0, 12.5, 18.0, 24.5, 32.0]
```

说明：从元组 lt 的元素中生成新列表，其元素依次为 lt 对应元素乘以 0.5。

```
>>> list1=[i*2 for i in 'Python']
>>> print(list1)
['PP', 'yy', 'tt', 'hh', 'oo', 'nn']
```

说明：从字符串'Python'生成列表，列表元素就是字符串内的每个字符进行 2 次重复运算获得的新字符串。

```
>>> lt=(0, 1, 4, 9, 16, 25, 36, 49, 64)
>>> list3=[i*0.5 for i in lt if i<20]
>>> list3
[0.0, 0.5, 2.0, 4.5, 8.0]
```

说明：从元组 lt 的元素中生成新列表，其元素为 lt 中所有小于 20 的元素乘以 0.5 得到的所有数值。

7.3.3　列表元素的访问与运算

（1）列表的访问——索引、切片、遍历

① 索引。索引是列表的基本操作，用于获得列表的一个元素。使用 "[索引]" 作为索引操作符。使用索引访问列表的元素要求引用的索引必须存在，不能越界访问，否则将出错。例如：

```
>>>ls=[1010,"1010",[1010,"1010"], 1010]
>>>ls[3]                    #正向索引访问列表元素
1010
>>>ls[-2]                   #反向索引访问列表元素
[1010,'1010']
>>>ls[5]                    #越界访问，出错
Traceback (most recent call last):
```

```
File "<pyshell#35>", line 1, in <module>
    ls[5]
IndexError: list index out of range
```

② 切片。切片也是列表的基本操作，用于获得列表的一个片段的元素，即获得一个或多个元素。切片后返回的结果也是列表类型。

切片不会发生越界错误，越界时会自动截断或返回空列表。例如：

```
>>>ls=[1010, "1010", [1010, "1010"], 1010]
>>>ls[1:4]
['1010', [1010, '1010'], 1010]
>>>ls[-1:-3]
[]
>>>ls[-3:-1]
['1010', [1010, '1010']]
>>>ls[0:4:2]
[1010, [1010, '1010']]
```

在 Python 中，如果想将列表的内容输出，可以直接使用 print() 函数。例如：

```
>>> animals=["cat","dog","monkey","horse","spider","frog"]
>>> print(animals[:3])
# animals[:3]返回列表中索引值为 0 到 3（不含）的所有元素组成的新列表
['cat', 'dog', 'monkey']
>>> print(animals[3:])
# animals[3:]返回列表中索引值为 3 到最后一个元素的所有元素组成的新列表
['horse', 'spider', 'frog']
>>> print(animals)
['cat', 'dog', 'monkey', 'horse', 'spider', 'frog']
```

说明：使用 print() 函数输出列表对象时，输出的内容是包括"[]"的。如果不需要"[]"，可以使用索引输出单个元素。例如：

```
>>> print(animals[3])
horse
```

③ 遍历。在实际应用中，遍历列表中的所有元素是一种常用的操作，在遍历的过程中可以完成数据查询、统计等功能。Python 中遍历列表的方法有多种，下面介绍两种常用的方法。

第一种遍历方法：使用 for 循环对列表类型的元素进行遍历操作，基本使用方式如下。

for <变量> in <列表或列表变量>:
    <语句块>

说明：变量用于保存从后面的列表中提取的数据值。执行 for 循环时，从列表中以正向索引的方向依次取出数据元素存储到变量中，然后执行循环体中的语句块，直到取出列表最后一个元素，循环结束。

【例 7-6】输出列表中的所有元素。

```
>>> animals=["cat","dog","monkey","horse","spider","frog"]
>>> for item in animals:
```

```
    print(item)
cat
dog
monkey
horse
spider
frog
```

【例 7-7】将列表中的所有元素乘以 2 的结果输出。

```
>>> ls = [1010, "1010", [1010, "1010"], 1010]
>>> for i in ls:
    print(i*2)
2020
10101010
[1010, '1010', 1010, '1010']
2020
```

第二种遍历方法：使用 for 循环和 enumerate()函数对列表类型的元素进行遍历操作，基本使用方式如下。

for <索引,变量> **in** **enumerate(**<序列或序列的变量>**):**
    <语句块>

说明： 使用 for 循环和 enumerate()函数对序列类型的元素进行遍历可以同时获得序列中的元素的索引值和数据值。

【例 7-8】输出列表 animals=["cat","dog","monkey","horse","spider","frog"]的所有元素及元素的索引。

```
>>> animals=["cat","dog","monkey","horse","spider","frog"]
>>> for index,item in enumerate(animals):
    print(index,item)
0 cat
1 dog
2 monkey
3 horse
4 spider
5 frog
```

enumerate()函数用于将一个可遍历的数据对象（列表、元组或字符串等）组合为一个索引序列，同时列出数据和数据的索引，返回形式为(0,item0),(1,item1),(2,item2),⋯的 enumerate 可迭代对象，item0、item1……是可遍历对象中的数据元素。

enumerate()函数的语法格式为：

enumerate(seq, start)

说明： seq 是一个序列对象，start 用于设置索引的起始值。start 可以省略，start 省略时默认为 0。

【例 7-9】enumerate()函数的用法示例如下。

```
>>> subjects=['Python','English','C++']
>>> en=enumerate(subjects)          #en 用于存储 enumerate()函数返回的对象
```

```
>>> type(en)                    #enumerate()函数返回的对象是enumerate可迭代对象
<class 'enumerate'>
>>> print(en)                   #直接输出可迭代对象，无法查看其中的数据
<enumerate object at 0x00000000030706C0>
>>> print(list(en))             #将可迭代对象转换为列表，然后输出
[(0, 'Python'), (1, 'English'), (2, 'C++')]
>>> en_2=enumerate(subjects,10)          #指定起始索引号为10
>>> print(list(en_2))
[(10, 'Python'), (11, 'English'), (12, 'C++')]
>>> for i,j in enumerate("程序设计"):          #字符串遍历
    print(i,j)
0 程
1 序
2 设
3 计
```

（2）列表的常用运算——=、+=、+、*、in、not in

① 赋值运算符"="。列表使用赋值运算符"="可以创建一个新列表对象，也可以修改列表元素的值。

【例7-10】修改列表元素的值示例如下：

```
#使用索引、赋值运算修改列表元素
>>>x=[1,2,3,4,5]         #赋值运算创建新的列表对象x
>>>x[0]=0               #索引访问x[0]，赋值运算x[0]=0修改其值为0
>>>x                    # x[0]=0运算修改了x的第一个元素值
[0, 2, 3, 4, 5]
#使用切片、赋值运算修改列表元素
>>>x[1:]=[2]
#x[1:]切片访问列表索引值为1开始到末尾的所有元素,
#x[1:] = [2]使切片范围内所有元素变为1个元素，值为2
>>>x                    # x[1:]=[2]切片、赋值运算修改了列表的元素和值
[0,2]
```

② 列表相加"+"。列表相加"+"运算仅用于两个列表对象，实现将两个列表的元素合并，得到一个新列表，例如：

```
>>> x=[1,2]            #赋值运算创建了一个列表变量x
>>> id(x)             # id(x)获得x的引用地址
48819720
>>> x=x+[3]           #赋值运算创建了一个新的列表变量x
>>> x
[1, 2, 3]
>>> id(x)             #id(x)获得x的引用地址，此x非上一个列表变量x，因地址发生了变化
49143368
```

当创建变量时会得到一个引用地址，变量的引用地址相同表示为同一个变量，不同引用地址的变量是不同变量。

③ 列表的加赋值"+="。列表进行"+="运算仅用于两个列表对象，实现将后一个列表的元素添加到前一个列表的末尾，与后面将要学习的列表对象函数 extend()功能类似，例如：

```
>>> x=[1,2]
>>> id(x)        #获得 x 的引用地址
48819720
>>> x+=[3,4]
>>> id(x)        #"+="运算后变量 x 的引用地址未发生变化，x 还是原来的列表
48819720
>>> x            #"+="运算后 x 中的元素内容发生变化
[1,2,3,4]        #[3,4]列表中的元素添加到 x 的末尾
```

④ 列表的乘法"*"。列表乘法如前序列乘法【例 7-8】所述，就是"*n**列表"或"列表*n"，新列表的内容为原来列表的数据被重复 *n* 次的结果。列表与数字乘法可以用于实现初始化列表元素和列表长度的功能，例如：

```
>>> ls=[None]*5
>>> ls
[None, None, None, None, None]
>>> [1,2,3]*3
[1, 2, 3, 1, 2, 3, 1, 2, 3]
```

⑤ 列表的关系运算">""<""=="">=""<=""!="。使用关系运算可以判断两个列表大小是否相等：两个列表进行关系运算将按照正向索引次序依次比较对应元素的数值大小，数值大的列表大，如果相等则向后继续比较直到一个（或两个）列表结束，当两个列表所有元素数值相等并且长度相同时两者相等，例如：

```
>>> [1, 2, 3] == [1, 3, 2]
False
>>> [1, 2, 3] > [1, 3, 2]
False
>>> [1, 3] < [1, 3, 2]
True
```

⑥ 列表成员运算"in""not in"。使用关键字"in""not in"检查某个元素是否为列表的成员（元素），例如：

```
>>> 3 in [1, 2, 3, 4]         #3 是列表[1, 2, 3, 4]的元素成立
True
>>> [3] in [1, 2, 3, 4]       #[3]列表是[1, 2, 3, 4]的元素不成立
False
>>>bList=[[1],[2],[3]]        #bList 的元素是 3 个列表类型的数据：[1]、[2]和[3]
>>>3 in bList                 #3 是 bList 成员的判断不成立，但[3]是 bList 成员
False
```

7.3.4 列表的内置函数和对象方法

列表常用的内置函数包括前述序列的通用函数 len()、max()、min()和 sum()函数。

sum()函数的语法格式为：

sum(seq)

sum()函数返回数值序列 seq 中各元素之和，要求序列 seq 必须为可以求和的数值序列，否则将出错。

【例 7-11】列表元素的统计计算示例如下：

```
>>>s=["seashell","gold","pink","brown","purple","tomato"]  #s 仅包括字符串元素
>>>print(len(s),min(s),max(s))
6 brown tomato
#列表元素是字符串时，按照字符串对应位置的字符的编码值进行比较
>>> x = [1.0, 2.0, 3.0]              #x 仅包括数值元素
>>> print(sum(x)/len(x))
2.0
>>>sum(range(1, 10, 2))             #sum()函数也适用于数值元素的元组、range 对象
25
>>>ls=[[1,2,3],[[4,5],6],[7,8]]
>>>print(len(ls))
3
>>>sum(s)                           #求和的序列必须为数值，否则出错
Traceback (most recent call last):
    File "<pyshell              #28>", line 1, in <module>
        sum(s)
TypeError: unsupported operand type(s) for +: 'int' and 'str'
>>>ss=[12,96,"pink","brown"]   #ss 同时包含数值元素和字符串元素
>>>min(ss)                          #出错
Traceback (most recent call last):
    File "<pyshell#30>", line 1, in <module>
        min(ss)
TypeError: '<' not supported between instances of 'str' and 'int'
```

注意：

① 使用 sum(seq)函数求序列 seq 元素之和，seq 必须为可以求和的数值序列，否则出错，例如，【例 7-20】中求 sum(s)是不可以的。

② 使用 min(ls)和 max(ls)这两个函数的前提是序列 ls 中各元素类型可以进行比较，否则会出错。例如 min(s)、max(s)或 min(x)、max(x)可以，但 min(ss)、max(ss)不可以。因为列表 ss 中同时含有数值元素和字符串元素，这两种类型的数据无法进行大小比较。

对象方法是适用于特定类型的对象的方法。列表类型的常用对象方法包括列表元素的增加、删除、排序等，如表 7-4 所示。

对象方法的一般语法格式是：

<对象名>.<方法名称>(<参数>)

表 7-4　列表类型的常用对象方法

方法	描述
ls.append(x)	在列表 ls 最后增加一个元素 x
ls.extend(iterable)	将 iterable 对象（如列表、元组、字符串、range 对象等）中所有元素添加至列表 ls 尾部
ls.insert(i, x)	在列表 ls 第 i 位置增加元素 x，该位置后面的所有元素顺序后移一个位置
ls.remove(x)	将列表 ls 中出现的第一个元素 x 删除，该元素之后的所有元素顺序前移一个位置
ls.pop([index])	删除并返回列表 ls 中下标为 index（默认为-1）的元素
ls.clear()	删除列表 ls 中所有元素，但保留列表对象，即 ls 为空列表
ls.sort(key=None, reverse=False)	对列表 ls 中的元素进行排序，key 用来指定排序依据，reverse 决定升序（False）还是降序（True）
ls.reverse()	将列表 ls 中全部元素反转（逆序）
ls.index(x)	返回列表 ls 中第一个值为 x 的元素的索引，若不存在值为 x 的元素则抛出异常
ls.count(x)	返回元素 x 在列表 ls 中的出现次数
ls.copy()	生成一个新列表，复制 ls 中所有元素

（1）增加列表元素：append()、extend()、insert()

① ls.append(x)在列表 ls 末尾追加一个元素 x。该方法无返回值，但是会修改原来的列表。列表对象的 append 方法是执行速度最快、最常用的给列表添加元素的方法，例如：

```
>>>lt = ["1010", "10.10", "Python"]
>>>lt.append(1010)              #给列表 lt 末尾追加一个列表数值元素 1010
>>>print(lt)
['1010', '10.10', 'Python', 1010]
>>>lt.append([1010, 'ab'])     #给列表 lt 末尾追加一个列表元素[1010, 'ab']
>>>print(lt)
['1010', '10.10', 'Python', 1010, [1010, 'ab']]
```

② ls.extend(iterable)将 iterable 对象（如列表、元组、字符串、range 对象等）中所有元素添加至列表 ls 尾部。iterable 对象若为字典，则仅会将键（key）作为元素依次添加至原列表的末尾。该方法没有返回值，但会在已存在的列表中添加新的列表内容，例如：

```
>>> a=[0, 2]
>>>a.extend([4])            #将列表[4]中的元素 4 添加到列表 a 的末尾
>>> a
[0, 2, 4]
>>> aList=['12', '34']
>>> a.extend(aList)
#extend()函数将列表 aList 的所有元素依次添加到列表 a 的末尾
>>> print(a)
[0, 2, 4, '12', '34']
>>> a.extend((7,8,9))
#extend()函数将元组(7, 8, 9)的所有元素依次添加到列表 a 的末尾
>>> print(a)
[0, 2, 4, '12', '34', 7, 8, 9]
>>> a.extend(range(3)) #将 range 对象的所有元素依次添加到列表 a 的末尾
>>> a
[0, 2, 4, '12', '34', 7, 8, 9, 0, 1, 2]
```

如前文所述，使用"+="运算符可以将后一个列表的所有元素添加到前方列表的末尾，"+="运算类似于列表的 extend()方法，例如：

```
>>> x=[99]
>>> y=[5,6,7]
>>> x+=y
>>> x
[99, 5, 6, 7]
```

③ ls.insert(i, x)在列表 ls 中 i 索引位置插入元素 x，原列表的索引位置 *i* 之后的所有元素顺序后移一个位置。该方法没有返回值，但会在列表指定位置插入对象，例如：

```
>>>lt = ["1010", "10.10", "Python"]
>>> lt.insert(2, 6)                      #在 lt 列表的 2 索引位置插入数值元素 6
>>> print(lt)
['1010', '10.10', 6, 'Python']
>>> aList=['Rose',95]
>>> lt.insert(3,aList)                   #在 lt 列表的 3 索引位置插入元素 aList
>>> print(lt)
['1010', '10.10', 6, ['Rose', 95], 'Python']   #列表中增加了元素['Rose',95]
```

（2）删除列表元素：remove()、pop()、clear()、del

① ls.remove(x)将删除列表 ls 中第一个出现的 x 元素，原列表的索引位置 *i* 之后的所有元素顺序前移一个位置。若列表中不存在 x 元素，会抛出异常。该方法没有返回值，但是会移除列表中的某个值的第一个匹配项，例如：

```
>>>lt = ["1010", "10.10", "Python", "10.10"]
>>>lt.remove("10.10")
#仅删除列表 lt 中第一个出现的元素"10.10"，其后元素顺序前移一位
>>>print(lt)
["1010", "Python", "10.10"]
```

② ls.pop(i)将返回列表 ls 中索引值为 i 的元素，并将该元素从列表中删除；当索引值越界时，会抛出异常；省略 i 时，默认 *i*=-1，即，返回末尾元素后，将末尾元素从列表中删除。该方法返回从列表中移除的元素对象，例如：

```
>>> lt = ["1010", "10.10", "Python"]
>>> lt.pop(1)          #返回索引值为 1 的元素'10.10'，并从列表 lt 中删除该元素
'10.10'
>>> print(lt)
['1010', 'Python']    #'10.10'元素被删除后，其后元素顺序前移一位
>>> lt.pop(9)          #索引越界，发生错误
Traceback (most recent call last):
  File "<pyshell#19>", line 1, in <module>
    lt.pop(9)
IndexError: pop index out of range
>>> lt.pop()           #未指定参数，默认返回列表末尾元素，并删除末尾元素
'Python'
>>> lt
['1010']
```

③ ls.clear()将列表 ls 的所有元素删除，即清空列表。ls 清空变为空列表，但是 ls 仍然存在。该方法没有返回值，例如：

```
>>>x = [1, 2, 3, 2, 3]
>>>y= x.pop()              #y 的值为 x.pop()返回的 x 列表末尾元素，删除 x 的末尾元素
>>> print(x)
[1, 2, 3, 2]
>>>x.clear()              #列表 x 所有元素被删除，x 成为一个空列表
>>>print(x)
[]
```

④ 使用 Python 保留字 del 对列表元素或片段进行删除，使用语法格式如下：

del　<列表对象名>[<索引>]

del　<列表对象名>[start:stop:step]

若使用"del　<对象名>"，则删除的是对象，例如：

```
>>>x = [1,3,5,7,9,11]
>>>del x[0]               #删除列表 x 中索引为 0 的元素
>>>print(x)
[3, 5, 7, 9, 11]
>>>del x[:3]             #删除前 3 个元素
>>> print(x)
[9, 11]
>>>x = [3,5,7,9,11]
>>>del x[::2]            #删除偶数位置上的元素
>>> print(x)
[5, 9]
>>>del x                 #删除对象 x，即 x 不存在
>>> x                    #访问不存在的对象会出错
Traceback (most recent call last):
  File "<pyshell#58>", line 1, in <module>
     x
NameError: name 'x' is not defined
```

（3）列表元素排序与逆序：sort()、reverse()

① ls.sort(key=None, reverse=False) 对列表 ls 中的元素进行排序，key 用来指定排序依据，key 未指定时，默认值是 None（默认按数值大小的规则），reverse 决定升序（False）还是降序（True），reverse 未指定时，默认值是 False（升序）。该方法没有返回值，但是会对列表的对象进行排序，例如：

```
>>> x = [3, 17, 5]
>>> x.sort(reverse=True)
#key 未指定，按数值大小的依据，reverse=True 指定降序
>>> x              #排序后的列表 x
[17, 5, 3]
>>> x.sort(key=lambda x :len(str(x)),reverse=True)
#key 指定按列表 x 中元素转换为字符串后的长度为依据，reverse=True 指定降序
```

```
>>> x
[17, 3, 5]
```

② ls.reverse()将列表 ls 中元素进行逆序反转。该方法没有返回值，但是会对列表的元素进行反向排序，例如：

```
>>> x = [1, 3, 2]
>>> x.reverse()    # 将列表自身元素反转
>>> x
[2, 3, 1]
```

（4）列表元素的索引、统计：index()、count()

① ls.index(x) 用于从列表中找出某个值第一个匹配项的索引位置。该方法返回列表 ls 中第一个值为 x 的元素的索引，若不存在值为 x 的元素则抛出异常，例如：

```
>>> a=list(range(5))        #列表 a 为[0, 1, 2, 3, 4]
>>> a.remove(3)             #删除值为 3 的元素后，列表 a 为[0, 1, 2, 4]
>>> a.index(4)             #返回列表中值第一个等于 4 的元素的索引值
3
>>> a
[0, 1, 2, 4]
>>> a.index(5)             #返回列表中值第一个等于 5 的元素的索引值，不存在
Traceback (most recent call last):
    File "<pyshell#100>", line 1, in <module>
        a.index(5)
ValueError: 5 is not in list
```

② ls.count(x) 返回元素 x 在列表 ls 中的出现次数，例如：

```
>>> a=[2,2,3,2.0,2]
>>> y=a.count(2)  #y 的值为 a.count(2)返回的数值 2 在列表 a 中的出现次数
>>> print(y)
4
```

（5）列表的复制：copy()

ls.copy()复制列表 ls 中所有元素，该方法返回复制后的新列表，例如：

```
>>>a=[2,2,3,2.0,2]
>>>lt=a.copy()      #生成列表 a 的一个副本，新列表 lt 与 a 是两个列表对象
>>>del a            #删除列表 a，不影响 lt 的使用
>>>print(lt)        #lt 与 a 是两个不同的对象，lt 不受 a 的影响
[2,2,3,2.0,2]
```

由上例看出，一个列表 a 使用.copy()方法复制后赋值给 lt，然后将 a 删除或做其他修改不影响新生成的列表 lt。

列表是一个十分灵活的数据结构，它具有处理任意长度、不同类型数据的能力，并提供了丰富的操作方法。当程序需要使用组合数据类型管理批量数据时，应尽量使用列表类型。

7.4 元组

7.4.1 元组的概述

元组(tuple)是 Python 的另一个重要的序列结构。与列表相似，元组也是由一系列特定顺序排列的元素组成，但元组属于不可变序列类型。在形式上，元组包含 0 个或多个元素，所有元素通常放在一对"()"中，两个相邻元素间使用","分隔。在内容上，同一个元组中元素类型可以相同，也可以不同，可以同时包含整数、实数、字符串等基本类型，也可以包含列表、元组、字典、集合等其他类型。

【例 7-12】元组的形式与内容。

```
>>>(1, 2, 3)
>>>('a', 'b', 'c', 'd', 'e', 'f')
```

说明：(1, 2, 3)是一个包含有 3 个元素的元组，元素具有相同类型（分别是整数 1、2、3）；('a', 'b', 'c', 'd', 'e', 'f')是一个包含有 6 个元素的元组，元素具有相同类型（分别是字符串'a'、'b'、'c'、'd'、'e'、'f'）。

```
>>>(1, 2, '3')
>>>(1, 'Hello', [3.14,2.71], {57,6.9}, {1:'anna'})
```

说明：(1, 2, '3')是一个包含 3 个元素的元组，元素有不同类型的数据——整数 1、2 和字符串'3'；(1,'Hello',[3.14,2.71],{57,6.9},{1:'anna'})是一个包含 5 个元素的元组，元素有不同类型的数据——整数 1、字符串'Hello'、列表[3.14,2.71]、集合{57,6.9}、字典{1:'anna'}。

与列表相似，元组的基本操作包括创建元组、访问元组元素、元组切片操作等，也可以使用 for 循环遍历元组。但是，元组属于不可变序列，元组一旦创建，只允许对其元素进行访问，用任何方法都不可以修改其元素。因此，对元组不能进行诸如增加、删除、修改、查找等操作。

7.4.2 元组的操作

（1）元组的创建

在 Python 中可以使用赋值运算直接创建元组，也可以使用 tuple()函数创建元组。

① 使用赋值运算符创建元组变量。例如：

```
#将元组赋值给变量
>>>a=(1,2,3)                                              #创建元组 a
>>>a1
(1, 2, 3)
>>>b=(1, 'Hello', [3.14,2.71], {57,6.9}, {1:'anna'})      #创建元组 b
>>>type(b)                                                #获得 b 对象的类型
<class 'tuple'>
>>>x=()                                                   #创建一个空元组
#将多个数据逗号间隔赋值给变量
>>> a1=1,2,3                                              #创建元组 a1
>>>a1
```

```
(1, 2, 3)
>>> type(a1)
<class 'tuple'>
>>> b1=1, 2, '3'          #创建元组 b1
>>> b1
(1, 2, '3')
#创建只有 1 个元素的元组
>>> y=(3)                 #创建一个 int 变量，圆括号没有定义元组的功能
>>> type(y)
<class 'int'>
>>> y=(3,)               #创建了仅有一个元素的元组 y，元素末尾添加一个逗号"，"
>>> type(y)
<class 'tuple'>
>>> y=3,                 #创建了仅有一个元素的元组 y，元素末尾添加一个逗号"，"
>>> y
(3,)
>>> type(y)
<class 'tuple'>
```

注意：

i.使用赋值运算将一个元组赋值给变量可以创建一个元组。

ii.使用赋值符号将用逗号连接的值赋值给变量也可以创建元组。

iii.当创建的元组只有 1 个元素时，应该在元素末尾添加一个逗号"，"。

② 使用 tuple()函数创建元组。tuple()可以将列表、字符串、range 对象或其他可迭代类型的数据转换为元组。

tuple()函数的语法格式为：

tuple(data)

说明：data 是待转换的数据，可以是列表、字符串、range 对象或其他可迭代类型。

【例 7-13】tuple()函数的使用。

```
>>> ls=[1, 2, 3]
>>> a_tup=tuple(ls)      #将列表 ls=[1, 2, 3]转换为元组(1, 2, 3)
>>> a_tup
(1, 2, 3)
>>> st='Python 程序'
>>> b_tup=tuple(st)      #将字符串转换为元组
>>> b_tup
('P', 'y', 't', 'h', 'o', 'n', '程', '序')
```

注意：将字符串转换为元组，是将字符串的每个字符按顺序转换为单独的一个个字符串作为元组的元素。

```
>>> c_tup=tuple(range(5))   #将 range 对象转换为元组
>>> c_tup
(0, 1, 2, 3, 4)
>>> tup=tuple()             #创建空元组
```

```
>>> tup
()
```

（2）元组的删除

元组是不可变类型，不能改变其值，所以不能删除其元素值，但是可以删除元组对象。删除元组对象使用 del 关键字。例如：

```
>>> del c_tup
```

对象删除后就不可以再引用了。

（3）元组元素的访问：索引、切片、遍历

同列表类似，可以使用索引、切片访问元组的元素，例如：

```
>>> animals=("cat","dog","monkey","horse","spider","frog")
>>> print(animals[3])
horse
>>>print(animals[:3])
# animals[:3]返回元组中索引值为 0 到 3（不含 3）的所有元素组成的新元组
('cat', 'dog', 'monkey')
>>> print(animals[3:])
# animals[3:]返回元组中索引值为 3 到最后一个元素的所有元素组成的新元组
('horse', 'spider', 'frog')
>>> print(animals)
('cat', 'dog', 'monkey', 'horse', 'spider', 'frog')
```

使用 print()函数输出元组对象时，输出的内容是包括"()"的。如果不需要"()"，可以使用索引输出单个元素。

元组也可以同列表一样，使用 for 循环进行遍历，例如：

```
>>> animals=("cat","dog","monkey","horse","spider","frog")
>>> for index,item in enumerate(animals):
    print(index,item)
0 cat
1 dog
2 monkey
3 horse
4 spider
5 frog
```

（4）元组的运算

元组常用的运算包括+、*、in、not in，运算方法与列表类似，例如：

```
>>> t1=(1,2)+('3','4')          #元组相加，产生一个新元组 t1
>>> t1
(1, 2, '3', '4')
#数乘元组（元组乘数），重复元组元素，产生一个新元组
>>> t2=2*('12','34')
>>> t2
('12', '34', '12', '34')
>>> 2 in t1                     #元组元素成员检查：in
```

```
True
>>> 2 not in t2                      #元组元素成员检查: not in
True
```

（5）元组作为函数的参数

元组还可用于定义可变参数的函数，用于接收任意多个实际参数。例如：

```
def add(*data):
    print(data)                    #打印接收的实际参数，是一个元组
    print('和=',sum(data))         #求和
add(1,2)                           #两个实际参数，data=(1,2)
add(10,20,30,40)                   #4 个实际参数，data=(10,20,30,40)
```

输出结果为：

```
(1, 2)
和=3
(10, 20, 30, 40)
和=100
```

（6）元组的内置函数和方法

同列表相似，元组常用的通用内置函数包括 len()、max()、min()和 sum()，特别适用于元组的常用内置函数和方法如表 7-5 所示。

表 7-5　元组的常用内置函数和方法

内置函数和方法	描述
tp.index(x)	返回元组 tp 中第一个值为 x 的元素的索引，若不存在值为 x 的元素则抛出异常
tp.count(x)	返回元素 x 在元组 tp 中的出现次数
zip(seq1,seq2⋯)	返回 zip 对象，其中元素为(seq1[i],seq2[i]⋯)形式的元组，最终结果中包含的元素个数取决于所有参数 seq 中元素最少的那个

例如：

```
>>>s=("seashell","gold","pink","brown","purple","tomato")
>>>print(len(s),min(s),max(s))
6 brown tomato
#元组元素是字符串时，按照字符串对应位置的字符的编码值进行比较
>>> x=(1.0,2.0,3.0)            #x 是数值元素构成的元组，可以使用 sum()函数
>>> print(sum(x)/len(x))
2.0
>>> a=(2, 2, 3, 2, 2)
>>> a.index(2)                #返回数值 2 在元组 a 中首次出现的索引
0
>>> a.count(2)                #返回数值 2 在元组 a 中出现的次数
4
```

zip()函数用于打包对象，返回一个 zip 对象，其元素是形如(seq1[i],seq2[i]⋯)的元组。

zip()函数的语法形式：

zip(seq1,seq2…)

说明：seq 为序列对象，最终结果中包含的元素个数取决于所有参数 seq 中元素最少的那个。

【例 7-14】 zip()函数的使用。

```
>>> x=(1,2,3)            #x 的长度为 3
>>> y=('a','b')          #y 的长度为 2
>>> z=zip(x,y)
#打包的 zip 对象包括的元素个数为 2，其元素包括(1, 'a')、(2, 'b')两个元组
>>> z                    #zip 对象无法查看到数据元素
<zip object at 0x0000000002ECBA88>
>>> type(z)              #zip()函数生成的 zip 对象赋值给变量 z，z 的类型为 zip
<class 'zip'>
>>> print(list(z))       #使用 list()函数转换 zip 对象为列表对象，可打印出元素
[(1,'a'),(2,'b')]
```

7.4.3 列表与元组的区别

元组和列表都属于序列，都可以按照特定顺序存放一组数据，而且存放的数据的类型、序列的长度均不受限制，那么它们之间存在哪些区别呢？

① 列表属于可变序列，它的元素可以随时修改或者删除；元组属于不可变序列，其中的元素不可以修改。

② 列表可以使用 append()、extend()、insert()、remove()和 pop()、del()等方法添加、修改和删除列表元素，而元组没有这些功能，不能向元组中添加、修改或删除元素。

③ 元组比列表的访问和处理速度快，所以当只需要对其中的元素进行访问，而不进行任何修改时，一般使用元组而不用列表。

④ 元组可用作字典的键，也可以作为集合的元素。列表不能作为字典的键，包含列表、字典、集合或其他类型可变对象的元组也不能做字典的键。

⑤ 如果元组中包含列表或其他类型的可变对象，这些对象是可变的，但元组元素的引用仍是不可变的。

7.5 字典

7.5.1 字典的定义

列表、元组和字符串都可以存放一系列数据元素，元素之间有先后顺序关系，可以使用索引访问数据元素，属于序列类型。字典也可以存放一系列数据元素，但字典的元素是键值对的形式，元素是无序的，字典属于映射类型。键值对的基本思想是将"值"信息关联一个"键"信息，进而通过键信息查找对应值信息，这个过程叫映射。

在形式上，字典中包含 0 个或多个键值对，所有键值对放在一对"{}"中，两个相邻键值对之间使用"，"分隔，键与值通过冒号连接。在内容上，字典中的键必须是不可变的数据类型，如整数、实数、字符串、元组等，不允许使用列表、集合、字典作为字典的键，因为这些类型的数据是可变的；字典中的键还必须是唯一的，同一字典中不允许出现相同的键。字典中的值可以是任意数据类型，可以同时包含整数、实数、字符串等基本数据类型，也可以

包含列表、元组、字典、集合等类型；字典中的值可以相同，也可以不同。

例如，如下的字典是合法的：

```
>>> {"202201":"清风", "202202":"明月", "202203":"杨柳"}
>>> {2.7:1, 3.14:1}
>>> {(1, 1, 1):3, (2, 2):2, (3, 3, 3, 3):4}
>>> {1:'a',2:'b',3:'c',4:'d'}
```

如下的字典的非法的：

```
>>> {[1,1,1]:3,[2,2]:2,[3,3,3,3]:4}       #字典的键不允许是列表类型
>>> {{1:'a'}:1}                           #字典的键不允许是字典类型
>>> {{1,3,5}:3}                           #字典的键不允许是集合类型
```

字典的特点：

① 字典是无序的集合，即键值对之间没有顺序且不能重复。例如：

```
>>> {2.7:1,2.7:1}          #字典的键值对是不重复的
{2.7:1}
```

② 字典是可变类型，并且可以任意嵌套，因此字典的元素可以增加、修改、删除。

③ 字典通过键索引值，格式为<字典名>[<键名>]，并可以通过键修改值。

7.5.2　字典的基本操作

（1）字典变量的创建

Python 创建字典的语法格式：

{<键 1:值 1>,<键 2:值 2>, … ,<键 *n*:值 *n*>}

其中，键和值通过冒号连接，不同键值对通过逗号隔开。当键值对都省略时，表示一个空字典。

① 使用赋值运算符创建字典变量。例如：

```
>>> dict1={1:'a',2:'b',3:'c',4:'d'}       #创建键值为整数的字典对象 dict1
>>> dict2={}                              #创建空字典对象 dict2
>>> dict3={'id':'1001','name':'李平','age':12,'score':{'English':96,'Python':98}}
```

说明： 字典的键为不可变类型，值为可变类型。dict3 键为字符串类型，值包括了字符串、整数和字典类型。

② 使用 dict()函数创建字典。使用内置函数 dict()也可以创建字典，dict()函数创建字典有以下几种方法。

无参数，创建空字典：dict()。

用 zip 对象作参数创建字典：dict(zip(seq1,seq2))。

用列表或元组作参数创建字典：dict(seq)。

用"关键字=值"作参数创建字典：dict(<键 1=值 1>,<键 2=值 2>, …,<键 *n*=值 *n*>)。

【例 7-15】 使用 dict()函数创建字典。

```
>>> d1=dict()           #dict()创建空字典
>>> type(d1)
<class 'dict'>
>>> ls1=[1,2,3]
```

```
>>> ls2=['a','b','c']
>>> d2=dict(zip(ls1,ls2))    #将 zip 对象的元素转换为键值对
>>> d2
{1: 'a', 2: 'b', 3: 'c'}
>>> tp1=('id','name','age')
>>> tp2=(1001,'Henry')
>>> d3=dict(zip(tp1,tp2))
>>> d3
{'id': 1001, 'name': 'Henry'}
```

说明：zip(s1,s2)函数将参数打包为形如(s1[0],s2[0]), (s1[1],s2[1])…的元组作为元素的 zip 对象，其中的元组均有两个元素。

```
>>> d4=dict([['a',1],['b',2],['c',3]])
#参数为列表（元素均有两个）
>>> d4
{'a': 1, 'b': 2, 'c': 3}
>>> d5=dict((('c',3),('d',4),('e',5)))
#参数为元组（元素均有两个）
>>> d5
{'c': 3, 'd': 4, 'e': 5}
>>> d5=dict(id=1001, name='Henry',age=12)    #关键字转换为字符串类型的键
>>> d5
{'id': 1001, 'name': 'Henry', 'age': 12}
```

③ 使用 fromkeys()创建值字典。fromkeys()是字典对象的方法，用于创建所有的值为指定值的字典，语法格式为：

dict.fromkeys(seq,value)

或：

<字典对象>.fromkeys(seq,value)

其中参数 seq 是可迭代对象，参数 value 表示新建字典中的值。value 可以省略，默认值为 None。该方法创建一个以 seq 元素为键，所有值为 value（或 None）的字典，适用于初始化所有值相同的字典。

【例 7-16】使用 fromkeys()创建值字典。

```
>>> d1=dict.fromkeys(('a','b','c'))         #未指定 value 参数，默认为 None
>>> d1
{'a': None, 'b': None, 'c': None}
>>> d2=dict.fromkeys(('a','b','c'),5)        #指定所有值为 5
>>> d2
{'a': 5, 'b': 5, 'c': 5}
>>> d3={}.fromkeys(('a','b','c'),5)          #调用 fromkeys()的对象对结果无影响
>>> d3
{'a': 5, 'b': 5, 'c': 5}
>>> d4=d1.fromkeys(('a','b','c'),5)
>>> d4
```

```
{'a':5,'b':5,'c':5}
```

（2）字典的访问

字典通过键索引，格式为：

<字典名>[<键名>]

如果键在字典中，则返回该键对应的值，否则抛出异常。例如：

```
>>>d={"202201":"清风","202202":"明月","202203":"杨柳"}
>>>print(d["202201"])
清风
>>> d["清风"]
Traceback (most recent call last):
    File"<pyshell#65>", line 1, in <module>
        d["清风"]
KeyError: '清风'
```

（3）字典的运算：=、in、not in、==、!=

赋值运算"="结合字典索引可以修改字典值，字典中的键是不能修改的。

修改字典值的语法格式为：

<字典名>[<键名>]=<值>

若该键在字典中，该语句对该键对应的值进行赋值；若该键不在字典中，则在字典中添加一个新的键值对。例如：

```
>>>d={"202201":"清风","202202":"明月","202203":"杨柳"}
>>>print(d["202201"])
清风
>>> d["202202"]='圆月'        #利用索引和赋值（=）配合，对字典中元素进行修改
>>> d
{'202201':'清风','202202':'圆月','202203':'杨柳'}
>>> d["202204"]='高山'        #通过索引和赋值配合，向字典中增加元素
>>> print(d)
{'202201':'清风','202202':'圆月','202203':'杨柳','202204':'高山'}
```

字典类型支持 in、not in 运算，用来检查一个键是否在字典中。例如：

```
>>>d={'id':1001,'name':'Henry'}
>>> 1001 in d
False
>>> 'id' in d
True
>>> 'name' not in d
False
```

字典支持关系运算==和!=，用来判断两个字典是否相等。例如：

```
>>> d1={'a':1,'b':2}
>>> d2={'b':2,'a':1}
>>> d1==d2    #当字典中的所有键值对都相等（与次序无关）时，字典相等
True
```

7.5.3 字典的内置函数和对象方法

字典类型常用的内置函数包括 len()、max()、min()、sum()等，用于统计字典的数据，例如：

```
>>> d={'202201':'清风','202202':'圆月','202203':'杨柳','202204':'高山'}
>>> len(d)    #字典 d 的键值对个数（长度）
4
>>> max(d)    #字典 d 中键的最大值
'202204'
>>> min(d)    #字典 d 中键的最小值
'202201'
>>> p={1:'a',2:'b'}
>>> sum(p)    #字典 p 的键的和，注意：字典的所有键必须为数值才能求和
3
```

字典是可变类型，允许修改、增加、删除字典的元素，字典对象提供了一些方法来实现这些操作。字典的常用的对象方法如表 7-6 所示。

表 7-6　字典的常用的对象方法

方法	描述
d.keys()	返回字典 d 中所有的键信息
d.values()	返回字典 d 中所有的值信息
d.items()	返回字典 d 中所有的键值对
d.get(key, default)	字典 d 中 key 键存在则返回 key 对应的值，否则返回 default 值，default 可以省略，如果省略则默认值为 None
d.update(dict2)	用字典 dict2 中的键值对更新字典 d 中的键值对
d.setdefault(key,value)	如果字典 d 中存在 key 键，则返回 key 对应的值；若 key 不存在，则返回 value 值，同时把 key:value 添加到字典中。value 可以省略，如果省略则默认值是 None
d.pop(key, default)	字典 d 中 key 键存在则返回 key 对应的值，同时删除键值对，若 key 不存在，则返回 default 值，default 可省略，若 defalut 省略则抛出异常
d.popitem()	随机从字典 d 中删除一个键值对，以元组(key, value)形式返回
d.clear()	删除所有的键值对

（1）字典的遍历：keys()、values()、items()、get()

与其他组合类型一样，字典可以使用 for 循环对其元素进行遍历，基本语法结构如下：

for　<变量名>　in　<字典名>:

　　<语句块>

for 循环返回的变量名是字典的键。例如：

```
>>> d={'202201':'清风','202202':'圆月','202203':'杨柳','202204':'高山'}
>>> for i in d:
        print(i)
202201
202202
202203
```

如果需要获得键、值或键值对，可以通过 keys()、values()、items()和 get()方法获得。

① d.keys()返回字典中的所有键信息，返回结果是 Python 的一种内部数据类型 dict_keys，专用于表示字典的键。如果希望更好地使用返回结果，可以将其转换为列表、元组等类型。例如：

```
>>> d={'202201':'清风','202202':'圆月','202203':'杨柳'}
>>> d.keys()
dict_keys(['202201','202202','202203'])
>>> type(d.keys())
<class 'dict_keys'>
>>> tuple(d.keys())
('202201','202202','202203')
>>> list(d.keys())
['202201','202202','202203']
```

② d.values()返回字典中的所有值信息，返回结果是 Python 的一种内部数据类型 dict_values。如果希望更好地使用返回结果，可以将其转换为列表、元组等类型。例如：

```
>>> d={'202201':'清风','202202':'圆月','202203':'杨柳'}
>>> d.values()
dict_values(['清风','圆月','杨柳'])
>>> list(d.values())
['清风','圆月','杨柳']
```

③ d.items()返回字典中的所有键值对信息，返回结果是 Python 的一种内部数据类型 dict_items。如果希望更好地使用返回结果，可以将其转换为列表、元组等类型。例如：

```
>>> d={'202201':'清风','202202':'圆月','202203':'杨柳'}
>>> d.items()
dict_items([('202201','清风'),('202202','圆月'),('202203','杨柳')])
>>> list(d.items())
[('202201','清风'),('202202','圆月'),('202203','杨柳')]
```

④ d.get(key, default)根据键信息查找并返回值信息，如果 key 存在则返回相应值，否则返回默认值，第二个元素 default 可以省略，如果省略则默认值为空。例如：

```
>>> d={'202201':'清风','202202':'圆月','202203':'杨柳'}
>>> d.get('202201')            #字典 d 中存在键'202201'时返回键对应的值
'清风'
>>> d.get('202206')            #省略第 2 个参数，默认为空，无返回结果
>>> d.get('202206','不存在')   #字典 d 中不存在键'202206'时返回'不存在'
'不存在'
```

【例 7-17】遍历字典。

```
#方法一
>>> d={'202201':'清风','202202':'圆月','202203':'杨柳'}
>>> for i in d:
    print("字典的键和值分别是: {},{}".format(i,d.get(i)))
字典的键和值分别是: 202201,清风
```

```
字典的键和值分别是: 202202,圆月
字典的键和值分别是: 202203,杨柳
#方法二
>>> d ={'202201':'清风','202202':'圆月','202203':'杨柳'}
>>> for i,j in d.items():
       print("字典的键和值分别是: {},{}".format(i,j))
字典的键和值分别是: 202201,清风
字典的键和值分别是: 202202,圆月
字典的键和值分别是: 202203,杨柳
```

（2）修改字典：update()、setdefault()

① d.update(dict2)用字典 dict2 中的键值对更新字典 d 中的键值对。如果参数 dict2 中的键在字典 d 中不存在，则添加到字典 d 中；如果存在，则用 dict2 的值修改字典 d 中该键对应的值。例如：

```
>>> d1={'202201':'清风','202202':'圆月'}
>>> d2={ '202201':'清风','202202':'林悦'}
>>> d1.update(d2)          #用 d2 更新 d1
>>> d1
{'202201':'清风','202202':'林悦'}
>>> d2
{'202201':'清风','202202':'林悦'}
>>> d3={'202203':'杨柳'}
>>> d2.update(d3)          #用 d3 更新 d2
>>> d2
{'202201':'清风','202202':'林悦','202203':'杨柳'}
>>> d3
{'202203':'杨柳'}
```

② d.setdefault（key,value）即：如果字典 d 中存在键 key，则返回 key 对应的值；若 key 不存在，则返回 value 值，同时把 key:value 添加到字典中，value 的缺省值是 None。例如：

```
>>> d={'202201':'清风','202202':'林悦','202203':'杨柳'}
>>> d.setdefault('202201')   #字典 d 中存在键'202201'，返回该键对应的值
'清风'
>>> d.setdefault('202201','高山')
'清风'
>>> d
{'202201':'清风','202202':'林悦','202203':'杨柳'}
>>> d.setdefault('202204','高山')
#d 中不存在键'202204'，返回值'高山'，并添加键值对到 d 中
'高山'
>>> d
{'202201':'清风','202202':'林悦','202203':'杨柳','202204':'高山'}
>>> d.setdefault('202205')
#d 中不存在键'202205'，把'202205':None 添加到字典
>>> d
```

```
{'202201':'清风','202202':'林悦','202203':'杨柳','202204':'高山',
'202205':None}
```

（3）删除字典：pop()、popitem()、clear()、del

① d.pop(key,default)即：字典 d 中如果键 key 存在，则返回 key 对应的值，同时从字典 d 中删除该键值对；若键 key 不存在，则返回参数 default 的值，若无 defalut 则抛出异常。例如：

```
>>> d={'202201':'清风','202202':'林悦','202203':'杨柳','202204':'高山'}
>>> d.pop('202204')        #字典 d 中存在键'202204'，返回其对应值
'高山'                      #并删除字典中的'202204':'高山'键值对
>>> d
{'202201':'清风','202202':'林悦','202203':'杨柳'}
>>> d.pop('202204','不存在')      #字典 d 中不存在键'202204'，返回第 2 个参数值
'不存在'
>>> d.pop('202204')              #字典 d 中不存在键'202204'，无第 2 个参数值将出错
Traceback(most recent call last):
    File "<pyshell#141>", line 1, in <module>
        d.pop('202204')
KeyError: '202204'
```

② d.popitem()随机从字典 d 中取出一个键值对，以元组(key, value)形式返回，同时从字典 d 中删除这个键值对。

```
>>> d={'202201':'清风','202202':'林悦','202203':'杨柳'}
>>> d.popitem()              #随机以元组 (key, value) 形式返回字典 d 中的键值对
('202203','杨柳')
>>> d                        #删除随机返回的键值对
{'202201':'清风','202202':'林悦'}
```

③ d.clear()删除字典中所有键值对，例如：

```
>>> d={'202201':'清风','202202':'林悦'}
>>> d.clear()
>>> d
{}
```

④ del 命令删除字典对象或字典中的元素，例如：

```
>>> d={1:'a', 2:'b', 3:'c'}
>>> del d[2]        #使用 del 字典名[键名]，删除字典 d 中的元素
>>> d
{1:'a', 3:'c'}
>>> del d           #删除字典对象 d
```

7.6 集合

7.6.1 集合类型概述

Python 语言中的集合与数学中的集合概念一致，即包含 0 个或多个数据项的无序组合，

用于保存不重复数据元素。Python 的集合包含两种类型：可变集合（set）和不可变集合（frozenset）。本节主要学习可变集合。

可变集合中的元素既可以添加也可以删除，可变集合中的元素必须是不可变的数据类型，如数值、字符串或元组可以是可变集合中的元素，而列表、字典不可以。

在形式上，集合的所有元素放到一个大括号"{}"中，两个相邻元素之间使用逗号","分隔。例如：{1,2,3}、{0,1,'a','b',(34,56)}……都是合法的集合表示形式。集合中的元素可以是数值、字符串或元组，但不能是列表和字典。类似数学中的集合，可以进行交、并、差等运算。集合最好的应用就是去除重复元素，因为集合中的每个元素都是唯一的。

7.6.2　集合的创建

可变集合的创建有以下两种方法。

第一种：用一对大括号"{}"将多个用逗号","分隔的数据括起来，可以创建集合对象。但不能用"{}"创建空集合，"{}"表示空字典。

第二种：用 set()函数可以将字符串、列表、元组等类型转换成集合类型。该方法还可以创建空集合。

（1）用"{}"直接创建集合变量

注意：{}表示空字典，不表示空集合。

```
>>> s1={0,1,'a','b',(34,56)}
>>> type(s1)
<class 'set'>
>>> s1
{0, 1, (34, 56), 'b', 'a'}
>>> s2={0,1,[2,3],'a','b',(34,56)}   #set 集合中的元素必须是不可变的数据类型
Traceback (most recent call last):
    File "<pyshell#5>", line 1, in <module>
        s2={0,1,[2,3],'a','b',(34,56)}
TypeError: unhashable type: 'list'
```

（2）使用 set()函数创建集合

在 Python 中可以使用 set()函数将其他数据类型转换为集合。

set()函数的语法格式：

set(iteration)

说明：iteration 表示要转换为集合的可迭代对象，可以是列表、元组、字符串和 range 对象等。如果是字符串，返回的集合是不含重复字符的集合。iteration 可以省略，省略时用于创建空集合。

【例 7-18】set()函数创建集合。

```
>>> s1=set([1,1,2])             #列表转换为集合，去除重复元素
>>> print(s1)
{1, 2}
>>> s2=set(('a','b','b'))       #元组转换为集合，去除重复元素
>>> print(s2)
```

```
{'b', 'a'}
>>> s3=set('hello world')          #字符串转换为集合，去除重复元素
>>> print(s3)
{'w', 'd', 'h', 'l', 'o', 'e', 'r', ' '}
>>> s4=set(range(5))               #range 对象转换为集合
>>> s4
{0, 1, 2, 3, 4}
>>> s5=set()                       #创建空集合 s5
```

（3）创建不可变集合

Python 中 frozenset()函数可以将元组、列表和字符串等类型转换成不可变集合。

```
>>> s1=frozenset([1,1,2])
>>> type(s1)
<class 'frozenset'>
>>> s1
frozenset({1, 2})
>>> s2=frozenset((1,1,2,2))
>>> print(s2)
frozenset({1, 2})
>>> s4=frozenset('Hello')
>>> s4
frozenset({'o', 'H', 'e', 'l'})
```

7.6.3 集合的常用运算

（1）专门的集合运算

集合类型有 4 个集合运算——交集（&）、并集（|）、差集（-）、对称差集（^），运算逻辑与数学定义相同，如表 7-7 所示。

表7-7 集合的专门运算

操作符的运算	描述
A&B	返回集合 A 与 B 的交集，包括同时在集合 A 和 B 中的元素
A|B	返回集合 A 与 B 的并集，包括集合 A 和 B 中所有元素
A-B	返回集合 A 与 B 的差集，包括在集合 A 中但不在集合 B 中的元素
A^B	返回集合 A 与 B 的对称差集，包括集合 A 和 B 中非共同元素

例如：

```
>>> A={1,2,3}
>>> B={2,3,4}
>>> S1=A&B
>>> S1
{2, 3}
>>> S2=A|B
```

```
>>> S2
{1, 2, 3, 4}
>>> S3=A-B
>>> S3
{1}
>>> S4=A^B
>>> S4
{1, 4}
```

（2）集合的其他运算

除集合运算外，集合类型还可以进行关系运算（>、>=、<、<=、==、!=）和成员测试运算（in、not in），如表 7-8 所示。

表 7-8　集合类型的关系运算和成员测试运算

表达式	功能
A>B	判断集合 A 是否是 B 的真超集，即如果 A 不等于 B，且 B 中所有元素都是 A 的元素，则返回 True，否则返回 False
A>=B	判断集合 A 是否是 B 的超集（包括非真超集）。如果 B 中所有元素都是 A 的元素，则返回 True，否则返回 False
A<B	判断集合 A 是否是 B 的真子集，即如果 A 不等于 B，且 A 中的所有元素都是 B 的元素，则返回 True，否则返回 False
A<=B	判断集合 A 是否是 B 的子集（包括非真子集），即如果 A 中所有元素都是 B 的元素，则返回 True，否则返回 False
A==B	判断集合 A 与 B 是否相等。若相等返回 True，否则返回 False
A!=B	判断集合 A 与 B 是否不相等。如果集合 A 和 B 具有不同的元素，则返回 True，否则返回 False
C in A	检查 C 是否是集合 A 的元素。如果 C 是集合 A 中的元素，则返回 True，否则返回 False
C not in A	检查 C 是否不是集合 A 的元素。如果 C 不是集合 A 中的元素，则返回 True，否则返回 False

例如：

```
>>> A= {1, 2, 3}
>>> B= {1, 3, 2}
>>> A > B        #判断集合 A 是否是 B 的真超集
#如果 A 不等于 B，且 B 中所有元素都是 A 的元素，则返回 True，否则返回 False
False
>>> A>=B         #判断集合 A 是否是 B 的超集
True             #如果 B 中所有元素都是 A 的元素，则返回 True，否则返回 False
>>> A==B         #判断集合 A 和 B 是否相等，若相等返回 True，否则返回 False
True
>>> A!=B         #判断集合 A 和 B 是否不相等
False            #如果集合 A 和 B 具有不同的元素，则返回 True，否则返回 False
>>> C={3, 4, 5}
>>> A<C          #判断集合 A 是否是 C 的真子集
#如果 A 不等于 C，且 A 中所有元素都是 C 的元素，则返回 True，否则返回 False
False
>>> D={1,2,3,4,5}
```

```
>>> A<=D            #判断集合 A 是否是 D 的子集
True                #如果 A 中所有元素都是 D 的元素，则返回 True，否则返回 False
>>> 1 in A          #1 是集合 A 中的元素则返回 True，否则返回 False
True
>>> 5 not in B      #5 不是集合 B 中的元素则返回 True，否则返回 False
True
```

7.6.4　集合的内置函数和方法

Python 提供的方法分为两类：适用于所有集合的通用方法和仅用于可变集合（set）的方法。集合的通用方法与集合运算类似，它会生成一个新的集合，并且不会对原集合产生影响，可变集合的方法是对原集合进行操作的方法。

（1）集合的通用方法（表 7-9）

表 7-9　集合的通用方法

函数	描述
len(s)	返回集合 s 中的元素个数
s.copy()	复制集合 s，生成 s 的一个副本集合
s.issuperset(t)	判断集合 s 是否是集合 t 的超集，s>=t
s.isdisjoint(t)	判断集合 s 与 t 是否没有共同元素
s.issubset(t)	判断集合 s 是否是集合 t 的子集，s<=t
s.intersection(t)	返回集合 s 与 t 的交集，s&t
s.union(t)	返回集合 s 与 t 的并集，s|t
s.difference(t)	返回集合 s 与 t 的差集，s-t
s.symmetric_difference(t)	返回集合 s 与 t 的对称差集，s^t

例如：

```
>>> s={1,2,3,4,5}
>>> t={4,5}
>>> a={4,5,6}
>>> len(s)
5
>>> s1=s.copy()         #产生一个新集合赋值给 s1，s1 与 s 元素相同
>>> s1
{1, 2, 3, 4, 5}
>>> s.issuperset(s1)    #s 是 s1 的超集，即 s>=s1 成立
True
>>> a.issuperset(t)     #a 是 t 的超集，即 a>=t 成立
True
>>> s.isdisjoint(t)     #s 与 t 没有共同元素不成立
False
>>> t.issubset(s)       #t 是 s 的子集，即 t<=s 成立
True
```

```
>>> s.intersection(a)        #返回 s 与 a 的共同元素，s&a
{4, 5}
>>> s.union(a)               #返回 s 与 a 的所有元素，s|a
{1, 2, 3, 4, 5, 6}
>>> s.difference(a)          #返回去除 s 中 a 的元素，s-a
{1, 2, 3}
>>> s.symmetric_difference(a)    #返回 s 与 a 的所有非共有元素，s^a
{1, 2, 3, 6}
>>> s                        #原集合使用通用函数和方法后不改变内容
{1, 2, 3, 4, 5}
>>> t                        #原集合使用通用函数和方法后不改变内容
{4, 5}
>>> a                        #原集合使用通用函数和方法后不改变内容
{4, 5, 6}
```

（2）可变集合（set）的方法

可变集合（set）的常用方法（表 7-10）仅适用于可变集合（set）类型，作为调用方法的集合对象其元素将发生改变。

表 7-10　可变集合（set）的常用方法

方法	描述
s.add(x)	把元素 x 添加到集合 s 中
s.discard(x)	把集合 s 中的元素 x 删除，若不存在，没有任何操作
s.remove(x)	把集合 s 中的元素 x 删除，若不存在，则产生 KeyError 异常
s.pop()	随机删除集合 s 中任意元素，返回该元素
s.clear()	清空集合 s 的所有元素
s.update(t)	把集合 s 修改为 s 与 t 的并集，s=s|t
s.intersection_update(t)	把集合 s 修改为 s 与 t 的交集，s=s&t
s.difference_update(t)	把集合 s 修改为 s 与 t 的差集，s=s-t
s.symmetric_difference_update(t)	把集合 s 修改为 s 与 t 的对称差集，即 s=s^t

① 集合的添加：add()。s.add(x)可以实现向集合 s 中添加指定元素 x。

```
>>> s={1,3,5,7,9}
>>> s.add('python')          #向集合 s 添加元素'python'
>>> s
{1, 3, 5, 7, 9, 'python'}
```

② 集合的删除：discard()、remove()、pop()、clear()、del。discard()、remove()、pop()、clear()均可以实现从集合中删除元素，del 用于删除集合对象。

s.discard(x)：可以实现删除集合 s 中的指定元素 x，若 s 中不存在元素 x 则无操作。

```
>>> s={1,3,5,7,9}
>>> s.discard(1)             #删除集合 s 存在的元素 1
>>> s
{3, 5, 7, 9}
```

```
>>> s.discard(2)                    #删除集合 s 不存在的元素 2
>>> s
{3, 5, 7, 9}
```

s.remove(x):可以实现删除集合 s 中的指定元素 x，若 s 中不存在元素 x 则发生异常错误。

```
>>> s={1,3,5,7,9}
>>> s.remove(1)                     #删除集合 s 存在的元素 1
>>> s
{3, 5, 7, 9}
>>> s.remove(2)                     #删除集合 s 不存在的元素，出错
Traceback (most recent call last):
    File "<pyshell#35>", line 1, in <module>
        s.remove(2)
KeyError: 2
```

s.pop():可以实现随机删除集合 s 中的一个元素，若 s 为空集合会发生异常错误。

```
>>> s={1,3,5,7,9}
>>> s.pop()                         #随机删除集合 s 一个元素
1
>>> s
{3, 5, 7, 9}
```

s.clear():可以实现删除集合 s 的全部元素。

```
>>> s={1,3,5,7,9}
>>> s.clear()                       #删除集合 s 所有元素
>>> s
set()
```

del 关键字：可以用于删除集合对象。

```
>>> del s                           #删除集合 s 对象
>>> s
Traceback (most recent call last):
    File "<pyshell#43>", line 1, in <module>
        s
NameError: name 's' is not defined
```

③ 集合的更新：update()、intersection_update()、difference_update()、symmetric_difference_
update()。

s.update(t)：可以实现将集合 s 修改为 s 与 t 的并集，即运算 s=s|t。

```
>>> s={1,3,5,7,9};t={1,2,3,4,5}
>>> s.update(t)                              #s=s|t
>>> s
{1, 2, 3, 4, 5, 7, 9}
>>> t
{1, 2, 3, 4, 5}
```

s.intersection_update(t)：可以实现将集合 s 修改为 s 与 t 的交集，即运算 s=s&t。

```
>>> s={1,3,5,7,9};t={1,2,3,4,5}
```

```
>>> s.intersection_update(t)              #s=s&t
>>> s
{1, 3, 5}
>>> t
{1, 2, 3, 4, 5}
```

s.difference_update(t)：可以实现将集合 s 修改为 s 与 t 的差集，即运算 s=s-t。

```
>>> s={1,3,5,7,9};t={1,2,3,4,5}
>>> s.difference_update(t)                #s=s-t
>>> s
{7, 9}
>>> t
{1, 2, 3, 4, 5}
```

s.symmetric_difference_update(t)：可以实现将集合 s 修改为 s 与 t 的对称差集，即运算 s=s^t。

```
>>> s={1,3,5,7,9};t={1,2,3,4,5}
>>> s.symmetric_difference_update(t)          #s=s^t
>>> s
{2, 4, 7, 9}
>>> t
{1, 2, 3, 4, 5}
```

7.7　程序实例

【例 7-19】在画布中心输出一个大风车，风车的叶片半径为 100 像素，四个叶片分别为红色、黄色、蓝色和绿色，如图 7-1 所示。

彩图

图 7-1　大风车

```
from turtle import *
cor=('red','yellow','blue','green')
```

```
for i in range(4):
    color(cor[i],cor[i])
    begin_fill()
    circle(100,180)
    left(90)
    forward(200)
    left(180)
    end_fill()
```

说明： 风车的 4 个叶片分别使用 4 种颜色，因不存在数据修改，可以选用列表和元组，本例中使用了元组 cor。for 循环画风车的 4 个叶片，通过 color(cor[i],cor[i]) 使得每次设置的画笔颜色和填充颜色为当前 i 指示的索引元素的颜色，i 取值范围由 range(4) 确定为 0~3，恰好与 cor 元组的 4 个元素索引对应，因此，每次画一个叶片用一个颜色。

【例 7-20】 绘制图 7-2（a）所示七彩圆圈，使用 turtle 颜色字符串'red'（红色）、'orange'（橙色）、'yellow'（黄色）、'green'（绿色）、'blue'（蓝色）、'indigo'（青色）和'purple'（紫色）画图。要求：从红色圆开始顺时针依次画圆，最后画最上面的紫色圆，每个圆的半径为 50 像素，每个圆从画布原点开始画，第一个红色圆的过画布原点的切线与 x 轴正向之间的夹角为（360/7）°［图 7-2（b）所示］，且各个圆的过画布原点的切线之间夹角均为（360/7）°［图 7-2（c）所示］。

```
import turtle
colors=['red','orange','yellow','green','blue','indigo','purple']
for i in range(7):
    c=colors[i]
    turtle.color(c,c)
    turtle.begin_fill()
    turtle.right(360/7)
    turtle.circle(50)
    turtle.end_fill()
```

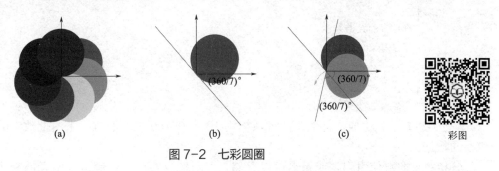

(a)　　　　　　(b)　　　　　　(c)　　　　　彩图

图 7-2　七彩圆圈

说明： 本例中 7 种颜色也用于设置画笔和填充色，可以使用列表和元组表示。第一个圆从圆心开始，先设置画笔和填充色再右转（360/7）° 开始画圆，下一个圆重复设置画笔和填充色，右转（360/7）° 画圆，7 次重复使用 for 循环可以实现。

【例 7-21】 去掉列表[89,78,90,65,59,88,79,90,80,89]中的重复值，再返回去重之后的列表。

```
ls1=[89,78,90,65,59,88,79,90,80,89]
set1=set(ls1)
```

```
ls2=list(set1)
print(ls1)
print(ls2)
```

说明：本例中列表中去重，需要先将列表转换为集合，集合中不含重复元素，再将集合转换为列表可得所求。

【例 7-22】 随机生成 30 个 0~1000 之间的数，去除重复并存储到 datas 中，实现以下功能：统计 datas 中数据总数、最大值、最小值、平均值、数值最大和最小的 3 个数，将 datas 数据按数值降序排序，输出排序后的 datas 全部数据、奇数位的数据×10、偶数位的数据。

分析：随机生成的一批数的数量会产生变化，要求去重，因此选择列表存储 datas，不适用元组。去重使用列表与集合的转换可以实现。统计 datas 中数据总数、最大值、最小值、平均值等使用 len()、max()、min()和 sum()内置函数实现，排序使用列表的 sort 方法，数据的输出即遍历列表元素，使用循环结合元素的索引访问、切片访问可以实现功能要求。

```
from random import *
datas=[]
for i in range(30):
    datas.append(randint(0,1000))
print('原始随机数: ',datas)
datas=list(set(datas))
datas.sort(reverse=True)
print('数据总数: ',len(datas))
print('最大值=',max(datas),'最小值=',min(datas),'平均值=',sum(datas)/len(datas))
print()
print('最大的 3 个数: ',datas[:3],'最小的 3 个数: ',datas[-4:-1])
print()
print('排序后的随机数: ',datas)
print()
print('奇数位的数据乘以 10: ',end='')
for i in datas[::2]:
    print(i*10,end=',')
print()
print('偶数位的数据: ',datas[1::2])
```

【例 7-23】 随机生成两批数，两批数均为 10 个 0~100 之间的数，求两批数中的相同数据和不同数据。

分析：两批数使用列表或元组可以存储。求两批数的相同数就是求两者的交集，求两批数的不同数就是求两者的对称差集，因此需将列表（或元组）再转换为集合进行&和^集合运算。

```
import random
ls1=[random.randint(0,100) for i in range(10)]
ls2=[random.randint(0,100) for i in range(10)]
set1=set(ls1)
```

```
set2=set(ls2)
print("ls1=",ls1)
print("ls2=",ls2)
same=set1&set2
dif=set1^set2
if len(same)==0:
        print('没有相同元素！')
else:
        print("相同元素：",same)
if len(dif)==0:
        print('没有不相同的元素！')
else:
        print("不同元素：",dif)
```

【例7-24】编写程序，输入学生成绩表所示的信息到字典 stu 中，然后输出表 7-11 的原始信息，再分别按 Name（姓名）、Score（成绩）升序输出信息。

表 7-11　学生成绩表

Name	Score	Name	Score
John	A	Mike	C
Emily	A	Ashley	A
Betty	B		

分析： 本例中的数据使用字典存储，需要确定字典的键和值分别由 Name、Score 中哪个表示，因为字典的键不允许有重复，且表中学生的成绩数据是有重复的，而 Name 没有重复，因此使用 Name:Score 表示键值对。对输入的数据使用 update()方法、setdefault()方法等都可以添加数据信息到字典中。本例中先将输入的数据表示为元组，再使用 dict()转换为字典，最后使用 update()方法更新到目标字典 stu 中。

```
stu={}
name=None
score=None
inf=input("输入数据，请按（Y/y）：")
while inf=='Y' or inf=='y':
    name=input('姓名:')
    score=input('成绩:')
    stu_in=dict(((name,score),))
    stu.update(stu_in)
    inf=input("输入数据，请按（Y/y）：")
print()
print('原始数据：')
print('{:<8}{:<8}'.format('Name','Score'))
for i,j in stu.items():
        print('{:<8}{:<8}'.format(i,j))
```

```
stu_n=list(stu)
stu_n.sort(reverse=False)
print()
print('按姓名排序的数据: ')
print('{:<8}{:<8}'.format('Name','Score'))
for i in stu_n:
    print('{:<8}{:<8}'.format(i,stu[i]))
stu_s=set(stu.values())
stu_s=list(stu_s)
stu_s.sort(reverse=True)
print()
print('按成绩排序的数据: ')
print('{:<8}{:<8}'.format('Name','Score'))
for s in stu_s:
    for i,js in stu.items():
        if js==s:
            print('{:<8}{:<8}'.format(i,js))
```

【例 7-25】编写程序，实现通讯录的添加、删除、查找和修改联系人的功能。

```
print('''--------通讯录系统 --------
1.添加联系人   2.删除联系人
3.查找联系人   4.修改联系人
5.显示通讯录   6.退出''')
```

分析： 实现数据添加、删除、修改的功能可以选用的类型为列表、字典，因字典还可以实现按键索引，可以实现查找的功能。本例中使用字典存储通讯录，字典的键为姓名，值为电话号，通讯录初始值为空，通过调用字典的 setdefault()、pop()、get()、items() 和字典的索引访问实现通讯录数据的添加、删除、查找、修改和遍历。

```
address={}                #初始化通讯录为空字典
while True:
    num=int(input('请输入需要的菜单功能数字: '))
    if num==1:            #菜单 1: 添加联系人
        name=input('请输入联系人姓名: ')
        tel=input('请输入联系人电话: ')
        if address.setdefault(name,tel)==name:      #添加指定键值对
            print('----------->已存在此联系人! 请重新输入联系人姓名! ')
        else:
            print('----------->已添加新联系人到通讯录! ')
    if num==2:                #菜单 2: 删除联系人
        name=input('请输入联系人姓名: ')
        if address.pop(name,'不存在')=='不存在': #删除指定姓名的键值对
            print('----------->不存在此联系人! ')
        else:
            print('----------->已删除此联系人! ')
```

```
        if num==3:  #菜单 3: 查找联系人
            name=input('请输入联系人姓名: ')
            if address.get(name,'不存在')=='不存在':  #按通讯录姓名查找
                print('----------->不存在此联系人! ')
            else:
                print('联系人姓名: {}    联系人电话: {}'.format(name,address[name]))
        if num==4:  #菜单 4: 修改联系人
            name=input('请输入联系人姓名: ')
            if address.get(name,'不存在')=='不存在':  #查找字典键
                print('----------->不存在此联系人! ')
            else:                    #存在联系人
                tel=input('请输入联系人电话: ')
                address[name]=tel      #字典索引修改值
                print('联系人姓名: {}    联系人电话: {}'.format(name,address[name]))
        if num==5:  #菜单 5: 显示全部联系人
            print('通讯录: ')
            for i,j in address.items():  #遍历字典
                print('联系人姓名: {}    联系人电话: {}'.format(i,j))
        if num==6:  #菜单 6: 退出系统
            print('退出系统~~~')
            break
```

【例 7-26】编写程序，设计一个学生信息管理系统，将表 7-12 所示的学生信息添加到系统中，实现学生信息的添加、删除、查询、修改和统计等功能。

表 7-12　学生信息表

序号	班级	姓名	年龄	英语	数学	Python
1	1	李平	18	89	78	98
2	1	高山	19	56	77	66
3	2	杨国福	17	95	65	81
4	2	赵胜利	18	99	78	98
5	1	张长江	18	87	81	86
6	2	钱进	19	97	57	86
7	1	王强	17	82	64	75

　　分析：表格中一行信息表示一个学生的数据，这一批学生信息具有相同数据结构，使用组合数据类型存储是适合的。又因程序中需要允许对数据进行添加、删除、查询、修改等操作，因此选用列表或字典表示学生数据的类型都可以。

　　方案一：使用列表 stu 存储学生数据，每个学生的数据使用列表表示，即列表作为列表的元素，则 stu 的结构如下所示。程序要实现对 stu 列表中的元素进行添加、删除、查询、修改和统计等功能，使用列表的内置函数和方法，结合元素遍历访问即可实现。

```
header=['序号','班级','姓名','年龄','英语','数学','Python']
stu=[
```

```
    [1,'1','李平',18,89,78,98],
    [2,'1','高山',19,56,77,66],
    [3,'2','杨国福',17,95,65,81],
    [4,'2','赵胜利',18,99,78,98],
    [5,'1','张长江',18,87,81,86],
    [6,'2','钱进',19,97,57,86],
    [7,'1','王强',17,82,64,75]
    ]
```

方案二：使用列表 stu 存储学生数据，每个学生的数据使用字典表示，即字典作为列表的元素，则 stu 的结构如下所示。程序要实现对 stu 列表中的元素进行添加、删除、查询、修改和统计等功能，可以使用列表、字典的内置函数和方法结合元素遍历访问实现。

```
stu=[
    {'序号':1,'班级':'1','姓名':'李平','年龄':18,'英语':89,'数学':78,'Python':98},
    {'序号':2,'班级':'1','姓名':'高山','年龄':19,'英语':56,'数学':77,'Python':66},
    {'序号':3,'班级':'2','姓名':'杨国福','年龄':17,'英语':95,'数学':65,'Python':81},
    {'序号':4,'班级':'2','姓名':'赵胜利','年龄':18,'英语':99,'数学':78,'Python':98},
    {'序号':5,'班级':'1','姓名':'张长江','年龄':18,'英语':87,'数学':81,'Python':86},
    {'序号':6,'班级':'2','姓名':'钱进','年龄':19,'英语':97,'数学':57,'Python':86},
    {'序号':7,'班级':'1','姓名':'王强','年龄':17,'英语': 82,'数学':64,'Python':75}
    ]
```

方案一的程序代码：

```
print('''--------学生信息管理系统 --------

1.添加学生信息   2.删除学生信息

3.查找学生信息   4.修改学生信息

5.显示学生信息   6.统计各科最高分

7.统计每个学生的总分

8.退出系统''')
def show(stus):
    print('序号\t 班级\t 姓名\t 年龄\t 英语\t 数学\tPython')
    for stu_inf in stus:
        for j in stu_inf:
            print('{}\t'.format(j),end='')
        print()
    print()
stu=[]
no_set=set()
num=int(input('请输入需要的菜单功能数字: '))
while True:
    if num==1:#菜单 1: 添加学生信息，序号唯一
        no=eval(input('请输入学生序号: '))
        if no in no_set:
```

```python
                print('——>序号已存在! ')
                continue;
        classnum=input('请输入学生班级: ')
        name=input('请输入学生姓名: ')
        age=eval(input('请输入学生年龄: '))
        eng=eval(input('请输入学生的英语成绩: '))
        mth=eval(input('请输入学生的数学成绩: '))
        py=eval(input('请输入学生的 Python 成绩: '))
        stu.append([no,classnum,name,age,eng,mth,py])
        no_set.add(no)
        print()
if num==2:#菜单 2: 删除指定序号的学生信息
    no=eval(input('请输入要删除的学生序号: '))
    if no in no_set:
        for i,del_n in enumerate(stu):
            if del_n[0]==no:
                del stu[i]
                no_set.discard(no)
                print('已删除序号:{}的学生信息! '.format(no))
                break;
    else:
        print('——>序号:{}的学生不存在! '.format(no))
    print()
if num==3:#菜单 3: 查找指定姓名的学生, 并显示学生信息
    name=input('请输入要查询的学生姓名: ')
    flag=False
    inf=''
    for i,query_stu in enumerate(stu):
        if query_stu[2]==name:
            flag=True
            for j in query_stu:
                inf+=str(j)+'\t'
            inf+='\n'
    if flag==True:
        print('查到姓名:{}的学生信息'.format(name))
        print('序号\t 班级\t 姓名\t 年龄\t 英语\t 数学\tPython')
        print('{}'.format(inf),end='')
    else:
        print('未查到姓名:{}的学生信息'.format(name))
        print()
if num==4:#菜单 4: 修改指定序号的学生信息
```

```
            no=eval(input('请输入要修改的学生序号: '))
            if no in no_set:
                for i,query_stu in enumerate(stu):
                    if query_stu[0]==no:
                        classnum=input('请输入学生班级: ')
                        name=input('请输入学生姓名: ')
                        age=eval(input('请输入学生年龄: '))
                        eng=eval(input('请输入学生的英语成绩: '))
                        mth=eval(input('请输入学生的数学成绩: '))
                        py=eval(input('请输入学生的 Python 成绩: '))
                        stu[i]=[no,classnum,name,age,eng,mth,py]
                        break;
            print()
        else:
            print('——>序号:{}的学生不存在! '.format(no))
if num==5:#菜单 5: 显示全部学生信息
    print('——学生信息——')
    show(stu)
if num==6:#菜单 6: 统计各科最高分
    print('——学生信息: 统计各科最高分——')
    show(stu)
    eng_ls=[]
    mth_ls=[]
    py_ls=[]
    for stu_inf in stu:
        eng_ls.append(stu_inf[4])
        mth_ls.append(stu_inf[5])
        py_ls.append(stu_inf[6])
    eng_max=max(eng_ls)
    mth_max=max(mth_ls)
    py_max=max(py_ls)
    print('英语的最高分: ',eng_max)
    print('数学的最高分: ',mth_max)
    print('Python 的最高分: ',py_max)
if num==7:#菜单 7: 统计总分
    print('——学生信息: 统计总分——')
    print('序号\t 班级\t 姓名\t 年龄\t 英语\t 数学\tPython\t 总分')
    tol=[]
    for stu_inf in stu:
        tol.append(sum(stu_inf[4:7]))
    for i,stu_inf in enumerate(stu):
```

```
        for j in stu_inf:
            print('{}\t'.format(j),end='')
        print(tol[i])
    print()
if num==8:#菜单8：退出系统
    print('退出系统~~~')
    break;
num=int(input('请输入需要的菜单功能数字：'))
```

说明：一个学生信息是由 7 个元素组成的一个列表[no,classnum,name,age,eng,mth,py]，所有学生信息是列表 stu 的元素，使用 stu.append([no,classnum,name,age,eng,mth,py])将输入的学生信息添加到 stu 列表中；删除、查找和修改功能都使用了 for 循环和 enumerate()遍历，确定删除、查找和修改的目标学生信息在 stu 中的索引，利用索引实现功能；显示 stu 的内容则使用了两重 for 循环遍历。

请参照方案一的功能，思考方案二的程序设计。

 习题

一、选择题

二、填空题

1. 任意长度的非空列表、元组和字符串中最后一个元素的下标为_____。

2. 假设列表对象 aList 的值为[3, 4, 5, 6, 7, 9, 11, 13, 15, 17]，那么切片 aList[3:7]得到的值是_____。

3. 假设有一个列表 a，现要求从列表 a 中（从前往后）每 3 个元素取 1 个，并且将取到的元素组成新的列表 b，可以使用语句_____。

4. 表达式 list(range(10, 1, -3))的值为_____。

5. 表达式 [3] in [1, 2, 3, 4] 的值为____；表达式 3 in [1, 2, 3, 4]的值为____。

6. 已知列表 x = [1, 2]，那么表达式 list(enumerate(x)) 的值为_____。

7. 表达式 sum(range(1, 10, 2)) 的值为_____。

8. 列表对象的_____方法删除首次出现的指定元素，如果列表中不存在要删除的元素，则抛出异常。

9. 表达式 list(zip([1,2], [3,4])) 的值为_____。

10. 已知 x = [3, 5, 7]，那么执行语句 x[:3] = [2]之后，x 的值为_____。

11. 已知 x = [1, 2, 3, 2, 3]，则：

（1）执行语句 x.remove(2)之后，x 的值为_____。

（2）执行语句 x.insert(1, 4)之后，x 的值为_____。

（3）执行语句 x[len(x)-1:] = [4, 5, 6]之后，变量 x 的值为_____。

（4）表达式 x.count(4)的值为_____。

（5）连续执行命令 y = x 和 y.append(3)之后，x 的值为_____；连续执行命令 y = x[:]和 y.append(3)之后，x 的值为_____。

（6）执行语句 x.extend([3])之后，x 的值为_____。

（7）执行语句 x.append([3])之后，x 的值为_____。

（8）执行语句 x.reverse()之后，x 的值为_____。

（9）执行语句 x.pop()之后，x 的值为_____。

（10）执行语句 x.pop(0)之后，x 的值为_____。

12. 已知列表 x = list(range(10))，那么执行语句 del x[::2]之后，x 的值为_____。

13. 已知列表 x = list(range(5))，那么执行语句 x.remove(3)之后，表达式 x.index(4)的值为_____。

14. 已知 x = [3, 7, 5]，那么执行语句 x.sort(reverse=True)之后，x 的值为_____。

15. 已知列表 x 中包含 5 个以上的元素，那么表达式 x == x[:5]+x[5:]的值为_____。

16. 已知列表对象 x=['11', '2', '3']，则表达式 max(x)的值为_____。

17. 已知 x = 'abcdefg'，则表达式 x[3:] +x[:3]的值为_____。

18. 表达式 (1,) +(2,) 的值为_____；表达式 (1) +(2) 的值为_____。

19. 表达式 (1, 2, 3)+(4, 5) 的值为_____。

20. 语句 x = (3,)执行后 x 的值为_____，表达式 x * 3 的值为_____。

21. 语句 x = (3)执行后 x 的值为_____。

22. 已知 x=(1,2,3,4,5)，表达式 max(x) 的值为_____；表达式 min(x) 的值为_____；表达式 len(x) 的值为_____ ；表达式 sum(x) 的值为_____。

23. 使用字典对象的_____方法可以返回字典的键值对，使用字典对象的_____方法可以返回字典的键，使用字典对象的_____方法可以返回字典的值。

24. 表达式 dict(zip([1, 2], [3, 4]))的值为_____。

25. 字典中多个元素之间使用_____分隔开，每个元素的键与值之间使用_____分隔开。

26. 已知 x = {1:2, 2:3}，那么表达式 x.get(3, 4) 的值为_____。

27. 已知 x = {1:1, 2:2}，那么执行语句 x[2] = 4 之后，len(x)的值为_____。

28. 已知 x = {1:2, 2:3, 3:4}，

（1）表达式 sum(x) 的值为_____。

（2）表达式 sum(x.values()) 的值为_____。

29. 表达式 set([1, 1, 2, 3])的值为_____。

30. 表达式 {1, 2, 3, 4, 5} ^ {4, 5, 6, 7} 的值为_____。

31. 表达式 {1, 2, 3} | {3, 4, 5} 的值为_____。

32. 表达式 {1, 2, 3} & {2, 3, 4} 的值为_____。

33. 表达式 {1, 2, 3}-{3, 4, 5} 的值为_____。

三、程序填空题

1. a 和 b 是两个列表变量，列表 a 为[3,6,9]已给定，键盘输入列表 b，计算 a 中元素与 b 中对应元素乘积的累加和。请完善代码。

```
a=[3,6,9]
b=eval(input())
```

```
_____(1)_____
for i in range(___(2)___):
    s+=a[i]*b[i]
print(s)
```

2. ls 是一个列表，内容如下：ls=[123,"456",789,"123",456,"789"]。请补充如下代码，求其各整数元素的和。

```
ls=[123,"456",789,"123",456,"789"]
s=0
for item in ls:
    if___(1)___==type(123):
        s+=___(2)___
print(s)
```

3. menu 中存放了已点的餐食，让 Python 帮你增加一个"红烧肉"，去掉一个"水煮干丝"。完善以下代码。

```
menu=["水煮干丝","平桥豆腐","白灼虾","香菇青菜","番茄鸡蛋汤"]
menu.___(1)___("红烧肉")
menu.___(2)___("水煮干丝")
print(menu)
```

四、编程题

1. 给定一个由 10 个整数值构成的列表 s=[52,14,87,27,9,11,10,24,19,22]，将列表 s 中的非素数添加到新列表 t 中，并统计非素数的个数，最后输出列表 t 及非素数的个数。

2. 编写代码完成如下功能。

（1）建立字典 d，包含内容是："数学":201,"语文":102,"英语":103,"化学":104,"物理":106。

（2）向字典中添加键值对"历史":105。

（3）修改"数学"对应的值为 101。

（4）删除"物理"对应的键值对。

（5）输出字典 d 的全部信息，输出格式如下。

101：数学

102：语文

第8章
文件

▶▶▶

 学习目标

- 掌握文件的读写方法以及打开和关闭等基本操作。
- 理解数据组织的维度及其特点。
- 掌握一维、二维数据的存储格式和读写方法。
- 理解采用 CSV 格式对一维、二维数据文件的读写。

8.1　文件的使用

　　前面章节中学习了很多程序，这些程序在计算机上运行时所处理的变量、对象等数据都是暂时存放在内存中的，当程序运行结束时，程序所占内存释放，程序所处理的数据就会丢失。为了能够长时间保存程序运行的数据结果以便后续使用，需要将这些数据存储到计算机文件中。文件是存储在外部存储介质中的数据集合。Python 中提供了内置的文件对象和对文件操作的内置模块，通过这些模块的技术能够方便地将程序中的数据保存到文件中，以达到永久存储数据的目的。

8.1.1　文件的概述

　　文件是数据的集合，以文本、图像、音频、视频等形式存储在计算机的外部存储介质上。按文件数据的存储方式可以把文件分为文本文件和二进制文件，按文件数据的读写方式可以把文件分为顺序文件和随机文件。

　　文本文件是基于单一特定字符编码的文件，文件存储的内容是字符，文本文件的读写方式是顺序的。所谓字符编码是用数字来表示符号和文字的方法，是将符号、文字存储在外部存储介质上必须进行的操作。常用的编码方式有 ASCII 码、UTF-8、Unicode、GB2312、GBK 等格式。文本文件用 Windows 系统的记事本或其他文本编辑器就可以浏览，可以直接阅读和理解其内容，存取时需要编解码，要花费一定的转换时间。典型的文本文件包括 TXT 文本文件（.txt 扩展名）、Python 语言程序文件（.py 扩展名）、C 语言源文件（.c 扩展名）、CSV 文件（.csv 扩展名）等。

二进制文件是基于字节流的文件，无须编码，存储的是 bytes（字节串）类型，二进制文件的读写方式是顺序的。二进制文件使用记事本或其他文本编辑软件无法直接阅读和理解其内容，需要使用专门的软件才能查看、运行或修改等，二进制文件存储不需要编解码，不存在转换时间。典型的二进制文件包括图形图像文件（.bmp 扩展名）、音视频文件（.avi 扩展名）和可执行文件（.exe 扩展名）等。

文件的基本操作包括文件的打开、关闭、读、写、定位。无论是文本文件还是二进制文件，文件的操作流程基本都是一致的：首先使用 Python 的内置函数 open()打开文件并创建文件对象，然后通过该文件对象对文件进行读[使用文件对象的 read()、readline()、readlines()方法]、写[使用文件对象的 write()、writelines()方法]操作，实现文件内容的查看、修改或删除等，操作结束使用 close()函数关闭所打开的文件。

读写文件时，使用文件指针表示文件当前的读写位置。文件打开模式不同，文件指针的起始位置不同，例如，读、写模式打开文件，文件指针在文件开头；追加模式打开文件，文件指针在文件末尾。在文件读写过程中，读写位置会随时发生变化，一方面，文件指针将自动跟随读写操作移动位置，始终指向文件当前的读写位置；另一方面，Python 中文件对象的调用 tell()方法能够获得文件指针的当前位置值，调用 seek()方法可以将文件指针移动到指定位置，使用 tell()、seek()方法可以实现文件的人为定位，从而对指定位置的文件内容进行读写操作。表 8-1 是实现文件基本操作的常用方法，其中"f"表示文件对象，使用文件对象方法的一般语法格式为：

<文件对象>.<对象方法>()

表 8-1　文件的内置函数和文件对象的常用方法

方法	说明
open(filename,mode='r',encoding=None)	以指定模式打开指定文件，并创建一个文件对象。mode 可省略，默认为只读（即'r'）模式，encoding 只在文本文件使用时有意义，默认为 UTF-8，二进制文件使用时值为 None
f.close()	把缓冲区的内容写入文件，同时关闭文件，并释放文件对象
f.flush()	将缓冲区内容写入所引用的打开文件，但不关闭文件
f.read([size])	读取文件全部内容，如果给出参数 size，则读取 size 个字符或字节
f.readlines()	读取文件的所有行，返回行所组成的列表
f.readline([size])	读取文件一行内容，如果给出参数 size，则读取当前行 size 个字符或字节
f.write(str)	将字符串 str 写入文件，返回的是写入的字符长度
f.writelines(iter_str)	在文件中写入多行，参数 iter_str 为可迭代的对象
f.tell()	返回当前文件的指针位置
f.seek(offset[, whence])	将文件指针移动到新位置。offset 表示相对于 whence 的位置。whence 为 0 表示从文件头开始计算，1 表示从当前位置开始计算，2 表示从文件尾开始计算，默认为 0

8.1.2　文件的打开和关闭

（1）文件的打开

Python 用内置的 open()函数实现以指定模式打开指定文件，并创建一个文件对象。

open()函数的语法格式：

myfileobj=open(filename,mode,encoding=<编码模式>)

具体说明如下所述。

myfileobj：为引用文件的变量。open()方法如果正常打开文件，则返回一个文件对象，把这个文件对象赋值给 myfileobj，就可以通过 myfileobj 对文件进行各种操作；如果指定的文件不存在、访问权限不够或其他原因导致文件打开失败，则系统抛出异常。

filename：是一个字符串，指定了要创建或打开文件的文件名称。如果要创建或打开的文件和当前程序文件在同一目录（路径，文件夹）下，则字符串中仅包含文件名即可，否则需要指定文件的完整路径。

mode：可选参数，为文件的打开模式，用于指定打开文件后的处理方式，可以指定文件的读、写或追加等模式。mode 省略时，默认值为只读（即'r'）模式。文件打开模式如表 8-2 所示，文件打开模式决定了文件打开后，程序员对文件内容可以进行读或写的某一种操作。

encoding：可选参数，指定对文本文件进行编码和解码的方式，只适用于文本模式，可以使用 Python 支持的任何格式，编码模式可以为'gbk'、'utf-8'等。encoding 省略时，默认认为 UTF-8。

表 8-2　文件打开模式

读/写模式	说明
'r'	以只读模式打开文件，默认值。文件的指针将会放在文件的开头。以该模式打开的文件必须存在，如果不存在，系统将抛出异常
'r+'	以读写模式打开文件，文件的指针将会放在文件的开头，写入的内容将从头开始覆盖文件原始内容。以该模式打开的文件必须存在，如果不存在，系统将抛出异常
'w'	以只读模式打开文件。文件如果已存在，则清空内容后重新创建文件；文件若不存在，则新建一个文件
'w+'	以读写模式打开文件。文件若已存在，则清空文件内容；文件若不存在，则在指定目录下新建一个指定文件名的文件
'a'	以追加写的方式打开文件。文件若已存在，文件的指针将放到文件的末尾，写入的内容追加到文件尾；文件若不存在，则新建一个文件
'a+'	以追加读写模式打开文件。文件若已存在，文件的指针将放到文件的末尾，写入的内容追加到文件尾；文件若不存在，则新建一个文件
'rb'	以二进制读模式打开文件，文件指针将会指向文件的开头。一般用于非文本文件，如图片、声音等
'rb+'	以二进制读写模式打开文件，文件指针将会指向文件的开头。一般用于非文本文件，如图片、声音等
'wb'	以二进制写模式打开文件，一般用于非文本文件，如图片、声音等。文件若已存在，则清空文件内容；文件若不存在，则在指定目录下新建一个指定文件名的文件
'wb+'	以二进制读写模式打开文件。文件若已存在，则清空文件内容；文件若不存在，则在指定目录下新建一个指定文件名的文件
'ab'	以二进制追加模式打开文件。文件若已存在，文件的指针将放到文件的末尾，写入的内容追加到文件尾；文件若不存在，则新建一个文件
'ab+'	以二进制追加读写模式打开文件。如果该文件已存在，则文件指针将会指向文件的结尾；如果该文件不存在，则创建新文件用于读写

【例 8-1】以各种模式打开文件。

① 在当前目录位置打开文件（假设当前目录中存在文件 readme.txt）：

```
>>> file1=open("readme.txt")          #默认以'r'模式（只读模式）打开文件
>>> file2=open("readme.txt","r")      #以只读模式打开文件
>>> file3=open("readme.txt","w")      #以只写模式打开文件
```

② 在指定目录位置打开文件（假设指定目录中存在文件 readme.txt）：

```
>>> f1=open("E:\\Python\\Python37\\readme.txt")      #使用转义字符表示目录路径
>>> f2=open(r"E:\Python\Python37\readme.txt")        #使用原字符串表示目录路径
>>> f3=open(r"E:\Python\Python37\readme.txt",'w')
```

③ 若以'r'或'r+'模式打开文件，文件不存在时会抛出异常（假设当前目录中不存在文件 readme.txt）：

```
>>> file1=open("readme.txt")
Traceback (most recent call last):
  File "<pyshell#1>", line 1, in <module>
     file1=open("readme.txt")
FileNotFoundError: [Errno 2] No such file or directory: 'readme.txt'
```

④ 以'r'模式打开文件，文件存在时只能进行读操作不能进行写操作；以'w'、'a'模式打开文件，文件存在时只能进行写操作不能进行读操作；以'r+'、'w+'、'a+'读写模式打开文件，对文件可进行读、写两种操作（假设指定目录中存在文件 readme.txt）：

```
>>> file1=open("E:\\Python\\Python37\\readme.txt")
>>> file1.read()
'How are you?\nFine.Thank you!'
>>> file1.write('Hello!')      #对只读文件进行写操作，系统抛出异常
Traceback (most recent call last):
  File "<pyshell#31>", line 1, in <module>
     file1.write('Hello!')
io.UnsupportedOperation: not writable
```

⑤ 以'w'、'w+'、'a'、'a+'模式打开，文件不存在时会创建一个新文件（假设当前目录中不存在文件 readme.txt）：

```
>>> file1=open("readme.txt","w")
```

（2）文件的关闭

对文件的操作结束后一定要及时关闭文件，以保存对文件的修改，防止文件受到破坏。Python 中关闭文件可以使用文件对象的 close()、flush()方法。

close()方法的语法格式：

myfileobj.close()

close()方法用于关闭 myfileobj 所引用的打开文件。通常情况下，Python 操作文件时，使用内存缓冲区缓存文件数据。close()方法关闭文件时，Python 先将缓存区的数据写入文件，然后关闭文件，释放对文件的引用。在关闭文件之后，便不能再对文件进行读写操作了。

flush()方法的语法格式：

myfileobj.flush()

使用 flush()方法可将缓冲区内容写入 myfileobj 所引用的打开文件，但不关闭文件，因此，

程序中还可以对文件进行读写操作，如图 8-1。

程序如下：

```
>>> f=open("E:\\Python\\Python37\\readme.txt",'w')
>>> f.write("How are you?\n")      #向文件写入字符串
13
>>> f.flush()
>>> f.write("Fine.Thank you!")
15
>>> f.close()
>>> f.write("I'm a student.\n")
Traceback (most recent call last):
  File "<pyshell#28>", line 1, in <module>
      f.write("I'm a student.\n")
ValueError: I/O operation on closed file.
```

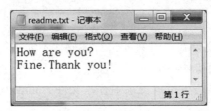

图 8-1　读写文件

说明：执行 f.flush()将缓冲区内容写入文件但不关闭文件，之后执行 f.write("I'm a student.\n")语句仍然可以将字符串中的 15 个字符写入文件，之后执行 f.close()关闭文件，再执行 f.write("I'm a student.\n")语句就会发生错误，打开上述代码操作的文件"E:\\Python\\Python37\\ readme.txt"，观察其内容，可发现 f.close()语句之后的写操作没有被执行，即 close()方法关闭文件后，不能再对文件进行读写操作了，而 flush()可以。

（3）使用 with 语句打开文件

文件打开后，要及时关闭，如果忘记关闭可能会造成无法预料的错误。另外，如果在打开文件时抛出了异常，那么将导致文件不能被及时关闭。为了避免此类问题的发生，可以使用 Python 的 with 语句。with 是 Python 的关键字，可以自动管理资源，无论是否抛出异常，总能保证 with 语句执行完毕后正确关闭已打开的文件。

with 语句的语法格式：

with exp as myfileobj:

    with <语句块>

具体说明如下。

exp：用于指定一个表达式，这里是打开文件的 open()方法。

myfileobj：为引用文件的变量。exp 中的 open()方法如果正常打开文件，则返回一个文件对象，通过 myfileobj 可以对该文件进行各种操作；如果指定的文件不存在、访问权限不够或其他原因导致文件打开失败，则系统抛出异常。

例如：比较下面两段程序代码。

```
#代码 1
str="It's with."
with open('demo.txt','w',encoding='utf-8') as fp:
    print(fp.write(str))
#代码 2
str="It's with."
fp1=open('demo1.txt','w',encoding='utf-8')
print(fp1.write(str))
```

从内容看，代码 1 和代码 2 中都对文件进行只写操作，都没有使用 close()方法关闭打开的文件，运行后的输出结果均为 10，但是打开 demo.txt 文件可以发现代码 1 中将字符串"It's with."成功写入文件，而 demo1.txt 文件则显示空白，说明代码 2 写入失败。这是因为代码 1 使用了 with 语句，代码中即使没有使用 close()关闭打开的文件，也能由 with 控制程序正确关闭文件，而代码 2 没有 with 语句，不能正确关闭打开的文件，导致数据丢失。

8.1.3 文件的读写

文件正确打开后，就可以对文件的内容进行读写操作。对文件进行读操作时，要求文件的打开模式必须支持读操作，可以是只读（'r'）或读写（'r+'、'w+'、'a+'）模式，不能是只写（'w'）或追加写模式（'a'）。对文件进行写操作时，要求文件的打开模式必须支持写操作，可以是只写（'w'）、追加写（'a'）或读写（'r+'、'w+'、'a+'）模式，不能是只读（'r'）模式。

使用文件对象的 read()、readline()、readlines()方法可以对支持读操作的文件进行内容的读取。

（1）read()方法

f.read([size])：参数 size 可省，如果省略 size 可以读取文件全部内容，如果给出参数 size，则读取 size 个字符或字节。

例如：假设指定目录中存在文件 readme.txt，其内容如图 8-2 所示，读取示例如下。

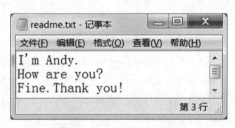

图 8-2　readme 文件

```
>>> f=open("E:\\Python\\Python37\\readme.txt","r")
>>> f.read(3)        #文件指针在头部，从头读取 3 个字符
"I'm"                #文件指针在第 4 个字符位置
>>> f.read()         #从当前位置开始读取直到文件末尾
' Andy.\nHow are you?\nFine.Thank you!\n'
>>> f.close()
```

（2）readlines()方法

f.readlines()：从当前文件指针位置开始读取文件的所有行，返回行字符串所组成的列表。

例如：假设指定目录中存在文件 readme.txt，其内容如图 8-2 所示，读取示例如下。

```
>>> f=open("readme.txt","r+")
>>> f.readlines()              #读取文件的所有行，返回一个列表
["I'm Andy.\n", 'How are you?\n', 'Fine.Thank you!\n']
#从文件头部开始读全部行，文件有 3 行，得到 3 个字符串
>>> f.close()
>>> f.close()
```

（3）readline()方法

f.readline([size])：参数 size 可省略。如果省略 size，则从当前文件指针位置开始读取文件一行内容；如果给出参数 size，则读取当前行 size 个字符或字节。

例如：假设指定目录中存在文件 readme.txt，其内容如图 8-2 所示，读取示例如下。

```
>>> f=open("readme.txt","r")
>>> f.readline()       #文件指针在头部，省略 size，读取文件的第 1 行内容
"I'm Andy.\n"          #文件指针指向第 2 行行首
>>> f.readline()       #读取第 2 行内容
'How are you?\n'       #文件指针指向第 3 行行首
>>> f.readline(3)      #读取第 3 行前 3 个字符
'Fin'                  #文件指针指向第 3 行第 4 个字符位置
>>> f.readline()       #读取当前位置到行尾的 1 行内容
'e.Thank you!\n'
>>> f.close()
>>> f=open("readme.txt","r+")
>>> f.readline()              #读取 1 行，返回 1 个列表，1 行是一个字符串
["I'm Andy.\n"]
>>> f.readlines()             #从当前位置开始读取所有行，返回 1 个列表
['How are you?\n', 'Fine.Thank you!\n']
#从第 2 行到文件末尾共有 2 行，列表中有 2 个字符串
```

（4）write()方法

f.write(str)：从当前文件指针位置开始将字符串 str 写入文件，返回的是写入的字符长度。

例如：假设指定目录中存在文件 readme.txt，其内容如图 8-2 所示，读写示例如下。

```
>>> f=open("readme.txt","a+")      #追加写模式，文件初始指针在末尾
>>> f.write('Nice!')               #将'Nice!'追加到末尾
5                                  #文件指针指向文件末尾
>>> f.read()
''
>>> f.close()
>>> f=open("readme.txt")           #只读模式打开文件，文件初始指针在头部
>>> f.read()                       #从头读取文件全部内容
"I'm Andy.\nHow are you?\nFine.Thank you!\nNice!"
```

说明：使用"a"/"a+"/"w"/"w+"模式打开文件，文件不存在会新建文件。文件存在时，使用"a"/"a+"模式打开的文件，文件初始指针在末尾，从文件末尾开始进行写/读写操作；使用"w"/"w+"模式打开的文件，会先清空原文件内容，文件指针在头部，从头开始写/读写操作。

如果使用"r+"模式打开文件，文件不存在会出错，文件存在时，文件初始指针在头部，从头开始读写操作，写入的新内容将覆盖原内容。

例如：假设指定目录中存在文件 readme.txt，其内容如图 8-2 所示，读写示例如下。

```
>>> f=open("readme.txt","r+")    #以"r+"模式打开文件，文件指针在头部
>>> f.write('Hi!')               #从头开始写入内容，覆盖原文件 3 个字符
3                                #文件指针指向第 4 个字符
>>> f.read()                     #从第 4 个字符开始读取文件直到文件末尾
' Andy.\nHow are you?\nFine.Thank you!\n'
>>> f.close()
>>> f=open("readme.txt")         #文件初始指针在头部
>>> f.read()                     #显示全部文件内容
'Hi! Andy.\nHow are you?\nFine.Thank you!\n'#原文件前 3 个字符被新内容覆盖
>>> f.close()
```

说明：f=open("readme.txt","r+")使用"r+"模式打开已存在的文件 readme.txt 时，文件指针在头部，f.write('Hi!')执行写操作将在头部开始写'Hi!'，原文中的前 3 个字符被它们覆盖。

（5）writelines()方法

f.writelines(iter_str)：从当前文件指针位置开始将 iter_str 写入文件，参数 iter_str 为列表、元组、字典、集合等可迭代的对象，要求列表、元组、集合等对象的元素必须为字符串，字典的键为字符串，可将列表、元组、集合的元素和字典的键写入文件中。

例如：假设指定目录中存在文件 readme.txt，其内容如图 8-2 所示，writelines()方法示例如下。

```
>>> f=open("readme.txt","w")
>>> lst=["HTML5","CSS3","JavaScript"]
>>> tup=('2012','2010','1990')
>>> dct={"name":"John","City":"SH"}
>>> f.writelines(lst)
>>> f.writelines(tup)
>>> f.writelines(dct)
>>> f.close()
>>> f=open("readme.txt")
>>> f.read()
'HTML5CSS3JavaScript201220101990nameCity'
>>> f.close()
```

说明：列表 lst、元组 tup 的元素都是字符串类型，字典 dct 的键也为字符串类型，writelines()方法将列表 lst、元组 tup 的元素、字典 dct 的键成功写入文件。

```
>>> dct1={1:"John","City":"SH"}
>>> f.writelines(dct1)
Traceback (most recent call last):
  File "<pyshell#82>", line 1, in <module>
    f.writelines(dct1)
TypeError: write() argument must be str, not int
>>> f.close()
```

说明： 字典 dct1 中的键值对 1:"John"的键不是字符串类型，1 是整型，因此不能使用 writelines()方法把对象的数据写入文件。

（6）文件的遍历

文件对象的 read()、readlines()、readline()方法都用于读取文件，应该注意区别它们的适用情形：

① read()方法一次读取文件的全部内容，返回的是字符串数据，适用于容量较小的文件，大文件如果一次全部读取会占用较大内存，影响程序运行的性能。

② readlines()方法分行读取文件的全部内容，返回的是行字符串构成的列表，适用于迭代遍历文件。

③ readline()方法每次读取文件的一行内容，适用于小文件。

【例 8-2】使用不同方法输出文件 readme.txt 的内容（如图 8-2 所示）。

```python
with open('readme.txt','r') as f:
    print('\n 文件内容如下: ')
    print(f.read())
    f.close()
#方法二: 分行读取 1
with open('readme.txt','r') as f:
    print('\n 文件内容如下: ')
    for line in f:
        print(line,end='')
    f.close()
#方法三: 分行读取 2
with open('readme.txt','r') as f:
    print('\n 文件内容如下: ')
    for line in f.readlines():
        print(line,end='')
    f.close()
#方法四: 分行读取 3
with open('readme.txt','r') as f:
    print('\n 文件内容如下: ')
    line=f.readline()
    while line!='':                    #判断文件是否结束
        print(line,end='')
        line=f.readline()
    f.close()
```

程序的运行结果都为：

```
文件内容如下:
I'm Andy.
How are you?
Fine.Thank you!
```

四种方法程序的输出结果是相同的。

8.1.4　文件的定位

文件指针表示文件的当前读写位置，文件在打开后文件指针的初始位置可以是文件开头或文件结尾，在文件读写过程中，文件指针的位置是自动移动的。当程序员需要在文件的指定位置开始进行读写时，首先需要进行文件定位，文件定位就是获得文件指定的当前位置值，然后设置文件指针移动到指定位置。Python 中文件对象的 tell() 方法能够获得文件指针的当前位置值，seek() 方法可以将文件指针移动到指定位置，使用 tell()、seek() 方法可以实现文件的定位，从而对指定位置的文件内容进行读写操作。

（1）获取文件当前的读/写位置——tell()

f.tell()：返回当前文件的指针位置。

例如：假设指定目录中存在文件 readme.txt，其内容如图 8-2 所示，示例如下。

```
>>> f=open("readme.txt","r+")
>>> f.tell()        #文件当前位置
0
>>> f.read(3)
"I'm"
>>> f.tell()        #文件当前位置
3
>>> f.readlines()
[' Andy.\n', 'How are you?\n', 'Fine.Thank you!\n']
>>> f.tell()        #文件当前位置
42
>>> f.close()
```

（2）移动文件读/写位置——seek()

f.seek(offset[,whence])：将文件指针移动到新位置。

offset：用于指定移动的字符个数，其具体位置与 whence 参数有关。值为正数时向文件末尾方向移动文件指针，值为负数时向文件头部方向移动文件指针。

whence：用于指定从什么位置开始计算。值为 0 表示从文件头部开始计算，值为 1 表示从当前位置开始计算，值为 2 表示从文件末尾开始计算。whence 可省略，默认值为 0。

例如：假设指定目录中存在文件 readme.txt，其内容如图 8-2 所示，示例如下。

```
>>> f=open("readme.txt","r+")
>>> f.readline()
'I'm Andy.\n'
>>> f.read(3)
'How'
>>> f.seek(4)       #文件指针移动到文件头部开始的第 4 个字符位置
4
>>> f.write('Tina')
4
>>> f.seek(0)       #文件指针移动到文件头部
0
>>> f.read()
"I'm Tina.\nHow are you?\nFine.Thank you!\n"
```

如果打开文件时，没有使用'rb"rb+"wb"ab'等二进制模式打开，则只允许从文件头部（whence 为 0）开始计算相对位置，否则会发生异常。因此，对于文本文件，使用 seek()方法只能从头开始计算（whence=0，或省略）。

例如：假设指定目录中存在文件 readme.txt，其内容如图 8-2 所示，示例如下。

```
>>> f=open("readme.txt","r")        #没有使用'b'模式打开
>>> f.seek(-10,2)                   #从文件末尾开始计算会发生异常
Traceback (most recent call last):
  File "<pyshell#115>", line 1, in <module>
      f.seek(-10,2)
io.UnsupportedOperation: can't do nonzero end-relative seeks
>>> f=open("readme.txt","rb")       #使用'b'模式打开
>>> f.seek(-10,2)                   #从文件末尾开始计算，正常
29
```

（3）文件的定位读写

【例 8-3】在当前目录下创建一个新文本文件 test.txt，将键盘输入的 3 行内容写入文件中，然后输出文本文件 test.txt 的内容。

```
with open('test.txt','w+') as f:
    print('input three strings:')
    for i in range(3):
        string=input('')
        f.write(string+'\n')
    f.seek(0)
    print('\n 输出文件内容如下: ')
    print(f.read())
    f.close()
```

程序运行结果:

```
input three strings:
Hello everyone!
My name is Henry.
I'm a student.

输出文件内容如下:
Hello everyone!
My name is Henry.
I'm a student.
```

8.1.5 读写二进制文件

二进制文件的读写也可以使用文件对象的 read()和 write()方法，但二进制文件只能读写 bytes 字节串，这种读写涉及数据类型转换会丢失原始数据的类型信息。Python 中还包括一些模块，可以快速对 Python 中的各种对象在不丢失其类型信息的情况下进行二进制文件的读写。另外，文件对象的 seek()、tell()方法也适用于二进制文件的定位。

（1）读写 bytes 字节串

在字符串前加前缀 b 可以表示一个 bytes 字节串，其他类型数据写入二进制文件必须先转换为字符串，再使用 bytes()方法转换为 bytes 字节串后才能写入二进制文件。

【例 8-4】向二进制文件读/写 bytes 字节串。

① 以"wb+"二进制读写模式打开二进制文件 readme.dat，文件初始指针在头部：

```
>>> f=open("E:\\Python\\Python37\\readme.dat","wb+")
>>> f.write(b'Nice!')              #将 b'Nice!' bytes 字节串写入文件
5                                  #文件指针指向文件末尾
>>> f.seek(0)                      #文件指针指向文件头部
0
>>> f.read()                       #文件指针指向文件末尾
b'Nice!'
>>> f.write(bytes(str(1000),encoding='utf-8'))
4             #将整数 1000 转换为 bytes 字节串写入文件
>>> f.seek(0)
0
>>> f.read()
b'Nice!1000'
>>> fileb.close()
```

② 以'rb'二进制只读模式打开文本文件 readme.txt（内容如图 8-2 所示）：

```
>>> f=open("readme.txt",'rb')
>>> f.read()
b"I'm Andy.\r\nHow are you?\r\nFine.Thank you!\r\n"
>>> file.close()
```

③ 以'r'文本文件只读模式打开二进制文件 readme.dat：

```
>>> f=open(r"E:\Python\Python37\readme.dat",'r')
>>> f.read()
'Nice!1000'
>>> f.close()
```

④ 以读写模式打开二进制文件：

```
>>> f=open("tu3.jpg","ab+")
```

（2）读写 Python 对象

直接用文本文件格式或二进制文件格式存储 Python 中的各种对象，通常需要进行 bytes 类型转换，使用 Python 标准模块处理文件中对象的读和写则避免了类型转换。这种在不丢失对象类型信息情况下，将 Python 中的对象存储为二进制文件的过程，称为序列化，对象序列化后的形式再经过正确的反序列化能准确无误地恢复为原来的对象。

struct、pickle 和 json 等是 Python 语言的标准模块，可以实现 Python 基本的数据序列化和反序列化。以 pickle 为例，pickle 是常用的并且速度非常快的二进制文件序列化模块，pickle 模块的 dump()方法用于序列化操作，可以将程序中的 Python 对象信息保存到文件中，load() 方法用于反序列化操作，可以从文件中读取对象信息。

【例 8-5】 使用 pickle 模块把 Python 对象写入二进制文件。

```python
import pickle
i=6
f=3.1415
str1='Python 2022\n'
lst=["read","write","tell","seek"]                #列表对象
tup=(50,60,'Hello')
dct={"type1":"TextFile","type2":"BinaryFile"}     #字典对象
st={1,2,3}
datas=[f,str1,lst,tup,dct,st]
with open(r'D:\demo.dat','wb') as fp:
    try:
        pickle.dump(i,fp)                         #写入数据个数
        for item in datas:                            #逐个写入 datas 中的元素
            pickle.dump(item,fp)
    except:
        print('文件写入失败! ')
fp.close()
```

程序运行后 D:\demo.dat 的内容无法用记事本阅读，因为 demo.dat 是一个二进制的文件。

【例 8-6】 使用 pickle 模块将【例 8-5】二进制文件中的对象输出。

```python
import pickle
with open(r'D:\demo.dat','rb') as fp:
    print("输出二进制文件的 bytes 字节串: ")
    print(fp.read())
    print("输出二进制文件的对象: ")
    fp.seek(0)
    x=pickle.load(fp)               #读取文件中的对象个数
    print(x,end=")
    for i in range(x):              #逐个读取输出对象
        data=pickle.load(fp)
        print(data,end='')
fp.close()
```

程序的输出结果:

```
输出二进制文件的 bytes 字节串:
b'\x80\x03K\x06.\x80\x03G@\t!\xca\xc0\x83\x12o.\x80\x03X\x0c\x00\x00\x00Py
thon2022\nq\x00.\x80\x03]q\x00(X\x04\x00\x00\x00readq\x01X\x05\x00\x00\x00writ
eq\x02X\x04\x00\x00\x00tellq\x03X\x04\x00\x00\x00seekq\x04e.\x80\x03K2K<X\x05\
x00\x00\x00Helloq\x00\x87q\x01.\x80\x03}q\x00(X\x05\x00\x00\x00type1q\x01X\x08
\x00\x00\x00TextFileq\x02X\x05\x00\x00\x00type2q\x03X\n\x00\x00\x00BinaryFileq
\x04u.\x80\x03cbuiltins\nset\nq\x00]q\x01(K\x01K\x02K\x03e\x85q\x02Rq\x03.'
输出二进制文件的对象:
63.1415Python 2022
```

```
['read','write','tell','seek'](50, 60, 'Hello'){'type1': 'TextFile',
'type2': 'BinaryFile'}{1, 2, 3}
```

8.2　数据组织的维度

　　数据组织的维度表示数据的组织形式，数据组织可以分为一维数据、二维数据、多维数据和高维数据。

　　一维数据由对等关系的有序或无序数据构成，采用线性方式组织，对应于数学中数组的概念。二维数据，也称表格数据，采用二维表格的形式进行组织，对应于数学中的二维矩阵，常见的表格是典型的二维数据，如表 8-3 所示。多维数据是一维或二维数据在新维度上的扩展形式，比如说加上时间维度。高维数据由键值对类型的数据构成，采用对象方式组织，可以多层嵌套。

表 8-3　用二维表描述的数据

Name	Eng	Math	Python
高山	89	78	98
李北大	56		66
杨柳	45	65	81

　　Python 中的一维数据可以使用列表、元组和集合类型表示，二维或多维数据可以使用列表表示，高维数据可以使用字典、JSON（Java Script object notation，JS 对象简谱）和 XML（extensible markup language，可扩展标记语言）等表示。一维数据可以存储为不同格式的文件，二维数据一般采用 CSV 格式的文件进行存储。

　　不同维度的数据其处理方法不同。数据的处理包括数据的表示、存储和操作。数据的表示是指程序表达数据的方式，涉及数据的类型；数据的存储指的是数据在磁盘中的存储状态，这部分涉及数据存储所使用的格式；数据的操作是指借助数据类型对数据进行的操作方式方法。本节将主要介绍一维数据、二维数据和 CSV 格式文件的处理方法。

8.2.1　一维数据的表示、存储与处理

　　（1）一维数据的表示

　　在 Python 中，如果一维数据是有序的，可以使用列表、元组类型表示，如果数据没有顺序，使用集合类型表示。

　　（2）一维数据的存储

　　一维数据存储到文件中一般有以下三种格式方法。

　　① 空格分隔：使用一个或多个空格分隔进行存储，不换行，但数据本身不能存在空格。

　　例如：中国 美国 英国 法国 意大利

　　② 逗号分隔：使用逗号分隔进行存储，不换行，但数据本身不能存在逗号。

　　例如：中国,美国,英国,法国,意大利

　　③ 特殊字符分隔：数据本身都不能出现这个特殊字符。

　　例如：中国$美国$英国$法国$意大利

采用英文半角逗号分隔的存储格式叫作 CSV 格式，存储的文件一般采用.csv 为扩展名。大部分编辑器都支持直接读取 CSV 格式的文件或保存文件为 CSV 格式。一维数据保存成 CSV 格式后，各元素采用英文半角逗号分隔，形成一行，即 CSV 文件中的一行是一个一维数据。一维数据在 Python 表示和存储为 CSV 文件，需要借助于列表来实现。关于 CSV 文件相关内容将在 8.3 节详细介绍。

（3）一维数据的处理

无论是文本文件还是二进制文件，在进行读写操作时都会涉及字符串的存储，因此，将一维数据存储到文件中涉及一维数据与字符串数据之间的转换，主要是使用字符串的 split()、join()方法。

【例 8-7】从各种存储格式文件中读写一维数据。

```
#Onedimension.txt 文件内容为：中国 美国 英国 法国 意大利
#从空格分隔的 Onedimension.txt 文件中读取一维数据
>>> f = open('Onedimension.txt', 'r')
#将 f.read()读取的文件字符串使用空格分隔为若干字符串元素的列表
>>> f.read().split()        #split()默认以空白符作为字符串分隔符
 ['中国','美国','英国','法国','意大利']
>>> f.close()
#采用空格分隔方式将一维数据 ls 写入 Onedimension.txt 文件末尾
>>> ls=['北京','华盛顿','伦敦','巴黎','罗马']
>>> f = open('Onedimension.txt', 'a')
#将 ls 列表的元素使用空格作为连接，形成一个字符串，并写入文件
>>> f.write(''.join(ls)) #写入成功返回写入的字符个数
15   #字符串"北京 华盛顿 伦敦 巴黎 罗马"共 15 个字符
>>> f.close()
```

```
#demo.txt 文件内容为：中国，美国，英国，法国，意大利
#从采用中文逗号分隔的 demo.txt 文件中读取一维数据
>>> f=open('demo.txt','r')
>>> f.read().split(',')                #使用英文逗号分隔读取的文件内容，失败
['中国，美国，英国，法国，意大利']      #得到的是一个字符串元素的列表
>>> f.seek(0)                          #文件指针定位到文件头，重新读取文件
0
>>> f.read().split('，')                #使用中文逗号分隔读取的文件内容，成功
['中国','美国','英国','法国','意大利']    #得到若干字符串元素的列表
>>> f.close()
```

```
#采用特殊符号@进行分隔，重新把一维数据写入文件 demo.txt 中
>>> ls = ['信息','安全','发展','三个阶段']
>>> f=open('demo.txt','w+')          #使用读写模式打开文件，文件指针在头部
#将 ls 列表的元素使用@作为连接，形成一个字符串，并写入文件
>>> f.write('@'.join(ls))
13
```

```
>>> f.seek(0)                          #文件指针定位到文件头部，重新读取文件
0
>>> f.read()
'信息@安全@发展@三个阶段'
>>> f.close()
```

一维数据在 CSV 文件中的读写将在 8.3 节中详细介绍，这里不再赘述。

8.2.2　二维数据的表示、存储与处理

（1）二维数据的表示

二维数据可以简单理解为由多个一维数据构成，例如：

lst=[[1,2,3,4],[2,3,4,5],[3,4,5,6]]

上面就是一个二维数据，在 Python 中二维数据可以采用二维列表来表示，即列表的每个元素对应二维数据的一行，这个元素本身也是列表类型，其内部各元素对应这行中的各列值。

（2）二维数据的存储

二维数据一般采用相同的数据类型存储数据，便于操作。为求统一，多数情况下将数值统一表示为字符串形式，适合用 CSV 格式文件存储。

（3）二维数据的处理

二维数据处理等同于二维列表的操作。二维列表一般需要借助循环遍历实现对每个数据的处理，一般语法格式如下：

for row in ls:

　　for item in row:

　　　　<对第 row 行第 item 列元素进行处理>

其中 ls 代表存放二维数据的二维列表，可以实现对二维列表中的每个数据按先行后列的顺序依次遍历。

【例 8-8】 使用 for 循环遍历二维列表[[1,2,3,4],[2,3,4,5],[3,4,5,6]]。

```
>>> ls = [[1,2,3,4],[2,3,4,5],[3,4,5,6]]
>>> for row in ls:          #取出 ls 的各个元素，元素类型为列表，看作行列表
        for column in row:          #从行列表中取出数据，看作列数据元素
            print(column,end=' ')      #输出列数据元素
        print()                    #换行

1 2 3 4
2 3 4 5
3 4 5 6
```

说明：[[1,2,3,4],[2,3,4,5],[3,4,5,6]]二维数据列表有三个元素[1,2,3,4]、[2,3,4,5]和[3,4,5,6]，是 3 个列表作为元素，可以将它们看作为 3 行，每个行列表中的数据都为 4 个，可以把它们看作是各行的列数据。外层 for 循环"for row in ls:"从前往后依次取出各行元素，内层 for 循环"for column in row:"从取出的行元素中取出列数据元素，并输出，每行遍历结束换行输出。

二维数据在 CSV 文件中的读写将在 8.3 节中详细介绍，这里不再赘述。

8.3　CSV 文件

CSV 文件是一种纯文本文件，经常用于表格数据和数据库数据的导入导出。由任意数目的行组成，每行一个一维数据，所有一维数据采用英文半角逗号分隔数据，数据之间无空格，如果某个数据缺失了，逗号要保留，每行以换行符作为行尾，无空行。CSV 文件存储的数据一般为字符类型，读取操作以行为单位。用户可以通过使用记事本按照 CSV 文件的规则来建立 CSV 文件，也可以通过使用 Excel 软件录入数据，另存为 CSV 文件。一个使用 CSV 格式保存的 score.csv 文件内容如图 8-3 所示，使用 Excel 打开该文件时显示内容如表 8-3 所示。

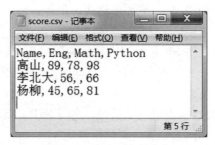

图 8-3　CSV 文件文本

CSV 文件的读写和定位可以使用文件对象的 read()、write()、seek()等方法。此外，在 Python 中还提供了标准库 CSV 库，CSV 库包含了操作 CSV 文件最基本的功能，典型的方法有 csv.reader()和 csv.writer()、csv.DictReader()、csv.DictWriter()，它们也可以实现 CSV 文件的读写。

8.3.1　从 CSV 文件读写一维数据

从 CSV 格式文件读写一维数据时要注意：因为 CSV 文件每行结尾都有一个换行符"\n"，所以读写操作需去掉或添加行尾的换行符。一般，从 CSV 文件读取一维数据时，先使用 read()方法得到文件中的一行数据的字符串数据，再采用字符串的 strip()、replace()方法去掉每行尾部的换行符 "\n"，后使用 split()方法以逗号进行分隔，最后将数据存放到列表变量中。使用 write()方法把一维数据写入 CSV 文件时，先使用 join()方法将列表中的一维数据转换为使用逗号间隔的字符串，再在字符串末尾添加换行符，最后用 write()方法写入文件一行中。

【例 8-9】先把一维数据写入 CSV 格式文件 demo.csv 中，再输出文件内容。要求得到 demo.csv 文件内容如图 8-4 所示。

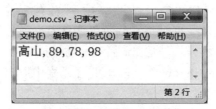

图 8-4　demo.csv 文件

```
with open('demo.csv','w+') as f:
    data=['高山','89','78','98']
    #列表中的一维数据用逗号连接后，结尾添加换行符
    f.write(','.join(data)+'\n')
    f.seek(0)            #文件指针指向文件头部，准备读文件
    content=f.read()
    #将读取的字符串末尾的换行符去掉，然后利用逗号分隔各个数据
    ls=content.strip('\n').split(',')     #或ls=content.replace('\n','').split(',')
    print(ls)
    f.close()
```

程序的输出结果：

```
['高山', '89', '78', '98']
```

8.3.2 从 CSV 文件读写二维数据

二维数据的 CSV 文件的每一行都是一维数据，整个 CSV 文件是一个二维数据。应该注意：CSV 文件的行内数据之间采用英文半角逗号分隔，数据之间无空格，如果某个数据缺失了，逗号仍要保留，每行以换行符"\n"作为行尾，无空行。读文件时，可以使用 read()、readlines()、readline()等方法以及 for 循环遍历文件内容，去掉每行尾部的换行符"\n"［可以采用字符串的 strip()或 replace()方法］，再使用 split()方法以逗号进行分隔，最后将数据存放到列表变量中，可以得到一个二维数据列表。使用 write()方法将二维数据写入 CSV 文件时，需要逐行写入一维数据，先按照 CSV 行数据格式构造待写入行的一维数据的字符串［使用 join()方法将一维数据转换为使用逗号间隔的字符串］，并在这个字符串的末尾添加换行符，再使用 write()方法把这个一维数据的字符串写入 CSV 文件的一行中，其余各行依此处理。

【例 8-10】从 CSV 格式的文件中读取数据并写入列表变量 ls 中，文件内容如图 8-3 所示。

```
>>> f=open('score.csv','r')
>>> f.read()            #score.csv 文件的文本内容
'Name,Eng,Math,Python\n 高山,89,78,98\n 李北大,56,,66\n 杨柳,45,65,81\n'
>>> f.seek(0)
0
>>> f.readline()        #读文件的当前行文本内容
'Name,Eng,Math,Python\n'
>>> f.seek(0)
0
>>> f.readlines()       #读文件全部行内容，返回行内容的字符串列表
['Name,Eng,Math,Python\n', '高山,89,78,98\n', '李北大,56,,66\n', '杨
柳,45,65,81\n']
>>> f.seek(0)
0
>>> ls=[]
```

```
>>> for row in f:    #或 for row in f.readlines():，每次读取一行
        ls.append(row.strip('\n').split(','))
>>> ls
[['Name', 'Eng', 'Math', 'Python'], ['高山', '89', '78', '98'], ['李北大', '56',
'', '66'], ['杨柳', '45', '65', '81']]
```

说明： 文件 score.csv 有多行内容，是一个存放了二维数据的 CSV 格式文件，使用 for 循环遍历文件各行，ls.append(row.strip('\n').split(','))将每行读取的文件内容（row 中存放）使用 strip('\n')去掉行尾的换行符 "\n"，再对得到的字符串使用 split(',')进行逗号分隔，得到一个列表，ls.append()将这个列表添加到 ls 中使其成为 ls 列表的一个元素，ls 是一个存放 score.csv 文件数据的二维列表。

虽然文件对象的 read()、readlines()、readline()方法都可以读取文件内容，但三者仍有区别：

read()方法得到文件全部内容的字符串；

readlines()方法得到文件当前行内容的字符串；

readline()方法得到文件全部行字符串的列表。

为方便 CSV 格式文件的后续处理，使用 readlines()、readline()这种按行读取的方法更合适，它们可以快速去掉 CSV 文件行尾的换行符，并且 readlines()方法结合 for 循环可以遍历所有 CSV 数据项。

【例 8-11】 将二维数据列表 ls=[['Henry','100','99','99'],['Mike','95','89','90']]的数据添加到文件 score.csv 的后面两行中，并输出文件内容。

```
ls=[['Henry','100','99','99'],['Mike','95','89','90']]
with open('score.csv','a+') as f:
    for row in ls:
            f.write(','.join(row)+'\n')
    f.seek(0)
    print(f.read())
f.close()
```

程序的输出结果：

```
Name,Eng,Math,Python
高山,89,78,98
李北大,56,,66
杨柳,45,65,81
Henry,100,99,99
Mike,95,89,90
```

说明： 二维数据列表 ls 有两个元素['Henry','100','99','99']和['Mike','95','89','90']，两个列表元素代表两行，使用 "for row in ls:" 控制每次取 ls 中的一行列表（保存在 row 变量中），使用 "','.join(row)" 将 row 中数据转换为使用逗号连接的字符串，再将该串末尾连接换行符'\n'，最后使用 write()函数写入文件 f 中。通过 Excel 和记事本分别查看文件 score.csv 的内容如图 8-5 所示。

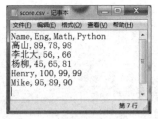

	A	B	C	D
1	Name	Eng	Math	Python
2	高山	89	78	98
3	李北大	56		66
4	杨柳	45	65	81
5	Henry	100	99	99
6	Mike	95	89	90

(a) 通过 Excel 查看　　　　　　　(b) 通过记事本查看

图 8-5　查看文件内容

8.3.3　使用 CSV 库读写

在 Python 标准库 CSV 库中，csv.reader()、csv.writer()、csv.DictReader()和 csv.DictWriter() 等方法也可以用于读写 CSV 文件。

（1）csv.reader()

一般语法格式：

csv.reader(csvfile)

说明：参数 csvfile 是一个文件对象。csv.reader()方法得到一个 csv.reader 对象，遍历 csv.reader 对象，将会把 csvfile 文件中的每行记录分别作为一个列表返回。

【例 8-12】使用 csv.reader()方法读取 score.csv 内容。

```python
import csv
with open('score.csv') as f:
    cv_reader = csv.reader(f)
    for row in cv_reader:
        print(row)
f.close()
```

程序的输出结果：

```
['Name', 'Eng', 'Math', 'Python']
['高山', '89', '78', '98']
['李北大', '56', '', '66']
['杨柳', '45', '65', '81']
['Henry', '100', '99', '99']
['Mike', '95', '89', '90']
```

（2）csv.writer()

一般语法格式：

csv.writer(csvfile)

说明：参数 csvfile 是一个文件对象。csv.writer()用于创建一个csv.writer 对象，使用csv.writer 对象的 writerow()、writerows()方法可以将数据写入文件中。

writerow()方法一般语法格式：Mywriter.writerow(lst)。

writerows()方法一般语法格式：Mywriter.writerows(lst2)。

其中，Mywriter 为 csv.writer()创建的 csv.writer 对象。Mywriter.writerow(lst)方法用于将一维列表 lst 的数据写入文件的一行中。Mywriter.writerows(lst2)方法用于将二维列表 lst2 的数据写入文件的多行中，lst2 是一个由列表作为元素的二维列表。

【例 8-13】将下面的一维数据 header 和二维数据 datas 写入文件 cv_writer.csv 中。

```
headers = ['class','name','sex','height','age']
datas=[
        [1,'Tom','male',168,23],
        [1,'Jim','female',162,22],
        [2,'lili','female',163,21],
        [2,'lucy','male',158,21]
      ]
```

程序代码：

```
import csv
headers = ['class','name','sex','height','age']
datas=[
        [1,'Tom','male',168,23],
        [1,'Jim','female',162,22],
        [2,'lili','female',163,21],
        [2,'lucy','male',158,21]
      ]
with open('cv_writer.csv','w',newline='') as f:        # newline=''用于去除空行
    cv_writer = csv.writer(f)
    cv_writer.writerow(headers)  #一维数据写一行
    cv_writer.writerows(datas)    #二维数据写多行
    f.close()
```

程序运行后 cv_writer.csv 文件内容见图 8-6。

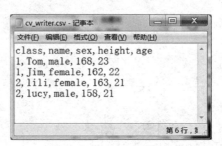

图 8-6 文件内容

说明：writerow()、writerows()方法把数据写入文件时会写入空行，不符合 CSV 格式的要求，可以在打开文件时指定参数 newline=''，即使用语句 open('cv_writer.csv','w',newline='')就可以避免出现空白行了。

（3）csv.DictReader()

一般语法格式：

csv.DictReader(csvfile)

说明：参数 csvfile 是一个文件对象。csv.DictReader()用于创建读取数据的 csv.DictReader 对象，将每行中的信息映射到一个有序字典 OrderedDict ，每个字典的 key 由文件对象 csvfile 第一行中的值填充，并保留其原始顺序，其 value 由第二行开始每一行的数据填充，数据缺失

时的默认值为 None。遍历 csv.DictReader 对象将会得到一个个的字典，每一个字典的 value 是一行数据记录。

【例 8-14】读取【例 8-13】中文件 cv_writer.csv 的 class（班级）、name（姓名）和 age（年龄）列的数据。

```
import csv
with open('cv_writer.csv','r') as f:
    cv_reader = csv.DictReader(f)
    for row in cv_reader:
        print(row['class'],row['name'],row['age'])
    f.close()
```

程序的输出结果：

```
1 Tom 23
1 Jim 22
2 lili 21
2 lucy 21
```

说明："for row in cv_reader:" 用 for 循环从 cv_reader 中每次取出一个有序字典（数据存放在 row 中），有序字典中每个键值对的键为第一行的数据，键值对中的值为第二行或后面某行数据，使用"字典[键]"可以访问到值数据。

（4）csv.DictWriter()

一般语法格式：

csv.DictWriter(csvfile, fieldname)

说明：参数 csvfile 是一个文件对象，fieldname 用于指定字典的 key。csv.DictWriter()用于创建一个写入 CSV 文件的 csv.DictWriter 对象，使用 csv.DictWriter 对象的 writeheader()、writerow()和 writerows()方法可以将 dict 类型的字典数据拆解成行写入文件 csvfile。

writeheader()方法的一般语法格式：Mywriter.writeheader()。

writerow()方法的一般语法格式：Mywriter.writerow(dct)。

writerows()方法的一般语法格式：Mywriter.writerows(lst2)。

其中，Mywriter 为 csv.DictWriter()创建的 csv.DictWriter 对象。Mywriter.writeheader()方法将 fieldname 指定的 key 数据按 CSV 格式写入 CSV 文件的一行。

Mywriter.writerow(dct)：dct 是一个 dict 字典，将 dct 中的 value 取出来组成一个列表，作为一行写入 CSV 文件中。

Mywriter.writerows(lst2)：lst2 是一个由 dict 字典作为元素的二维列表，将一个字典中的 value 取出来组成一个列表，多个字典组成多个列表，每个列表作为一行写入 CSV 文件中。

【例 8-15】将下面的数据写入 cv_Dictwriter.csv 文件。

```
datas = [
    {'class':3,'name':'汤姆','sex':'男','height':166, 'age':18},
    {'class':3,'name':'李丽','sex':'女','height':155, 'age':19},
    ]
line={'class':4,'name':'Tina','sex':'female','height':166, 'age':26}
```

程序代码：

```
import csv
head = ['class','name','sex','height','age']
datas = [
    {'class':3,'name':'汤姆','sex':'男','height':166, 'age':18},
    {'class':3,'name':'李丽','sex':'女','height':155, 'age':19},
    ]
line={'class':4,'name':'Tina','sex':'female','height':166, 'age':26}
with open('cv_Dictwriter.csv','w',newline='') as f:
    cv_writer = csv.DictWriter(f,head)
    cv_writer.writeheader()             #将 head 中的数据写入文件一行
    cv_writer.writerows(datas)          #将 datas 中的值数据写入文件多行
    cv_writer.writerow(line)            #将 line 中的值数据写入文件一行
f.close()
```

程序运行后 cv_Dictwriter.csv 的内容见图 8-7。

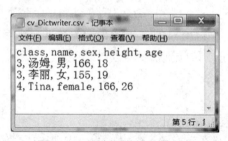

图 8-7　程序运行后文件内容

说明：csv.DictWriter(f,head)创建了一个 csv.DictWrite 对象赋给变量 cv_writer，通过 cv_writer 调用方法 writeheader()将列表 head 中的数据作为一行写入文件，调用 writerows(datas)将字典的值组成行的二维数据 datas 写入文件的多行，调用 writerow(line)将字典的值组成行数据写入文件一行。应该注意 csv.DictWriter(f,head)中指定了写入文件的字典的 key，则之后无论是写入一行还是多行数据，其字典的键必须与 head 中的 key 相同。

CSV 库的读写文件的方法对于处理列表、字典数据比文件对象的 read()、write()方法更有效，它们无须转换为字符串类型，可以直接利用列表、字典进行文件数据读写，尤其是二维数据的读写更简洁有效率。

8.4　程序实例

【例 8-16】将二维数据 ls_read 写入 stu_score.txt 文件中，数据之间以空格间隔，每行以换行符结尾。从文件读取数据到列表 ls_write 中并输出。

```
ls_read=[
    ['序号','班级','姓名','年龄','英语','数学','Python'],
    ['1','1','李平','18','89','78','98'],
    ['2','1','高山','19','56','','66'],
```

```
    ['3','2','杨国福','17','95','65','81'],
    ['4','2','赵胜利','18','99','78','98'],
    ['5','1','张长江','18','87','81','86'],
    ['6','2','钱进','19','97','57','86'],
    ['7','1','王强','17','82','64','75']
    ]
```

分析：待写入的数据为二维列表数据，并且列表中的数据类型均为字符串类型，因此可以使用字符串的 join()方法将数据项用空格连接为一个字符串，再在字符串末尾添加换行符，最后使用文件对象的 write()方法写入字符串，这个字符串就是文件中的一行。读取数据到列表 ls_write 时，ls_write 结构应如同 ls_read 是一个二维列表。从文件读取一行得到一个行字符串，对行字符串使用 strip()方法去掉末尾的换行符，再使用 split()对字符串进行空格分隔，得到一个字符串列表，将这个列表添加到 ls_write 列表中作为它的元素，以此方法依次读取文件的其他行。

```python
ls_read=[
    ['序号','班级','姓名','年龄','英语','数学','Python'],
    ['1','1','李平','18','89','78','98'],
    ['2','1','高山','19','56','','66'],
    ['3','2','杨国福','17','95','65','81'],
    ['4','2','赵胜利','18','99','78','98'],
    ['5','1','张长江','18','87','81','86'],
    ['6','2','钱进','19','97','57','86'],
    ['7','1','王强','17','82','64','75']
    ]
ls_write=[]
try:
    with open('stu_score.txt','r') as f:      #文件已存在，只需读取数据到ls_write
        print('\n 文件已存在，读取文件内容输出! ——>\n')
        for row in f:#for row in f.readlines():
            ls_write.append(row.strip('\n').split(' '))
        f.close()
except FileNotFoundError:                        #文件不存在
    with open('stu_score.txt','w+') as f:      #先将 ls_read 二维数据写入文件
        print('\n 文件不存在，先写数据到文件，再读取文件内容输出! ——>\n')
        for row in ls_read:
            f.write(' '.join(row)+'\n')
        f.seek(0)                                #文件指针调回头部
        for row in f:#for row in f.readlines():  #再读取文件数据到 ls_write
            ls_write.append(row.strip('\n').split(','))
        f.close()

for row in ls_write:                             #输出 ls_write 的数据
    str=''
```

```
    for item in row:
        str+=item+'\t'
    print(str)
```

程序的运行结果:

文件不存在,先写数据到文件,再读取文件内容输出! ——>

序号	班级	姓名	年龄	英语	数学	Python
1	1	李平	18	89	78	98
2	1	高山	19	56		66
3	2	杨国福	17	95	65	81
4	2	赵胜利	18	99	78	98
5	1	张长江	18	87	81	86
6	2	钱进	19	97	57	86
7	1	王强	17	82	64	75

说明:"try…except FileNotFoundError"用于检测文件 stu_score.txt 是否存在,若已存在则只需读取数据到 ls_write,若不存在则需先建立文件并写入 ls_read 的数据,再读取数据到 ls_write 中。两重 for 循环遍历 ls_write 实现 ls_write 数据的输出。

【例 8-17】改写【例 8-16】,使用内置 CSV 模块读写文件 stu_score.csv,将二维数据 ls_read 写入文件中,从文件读取数据到列表 ls_write 中并输出。

```
ls_read=[
    ['序号','班级','姓名','年龄','英语','数学','Python'],
    [1,'1','李平',18,8,78,98],
    [2,'1','高山',19,56,None,66],
    [3,'2','杨国福',17,95,65,81],
    [4,'2','赵胜利',18,99,78,98],
    [5,'1','张长江',18,87,81,86],
    [6,'2','钱进',19,97,57,86],
    [7,'1','王强',17,82,64,75]
    ]
```

分析:ls_read 是二维列表数据,数据项的类型有整数和字符串,不适用文件对象的读写操作,适用 CSV 模块的读写操作。写文件时使用 CSV 模块的 csv.writer 对象方法 writerows() 能直接把二维数据写入文件多行中。读取 CSV 文件时利用 CSV 的 csv.reader 对象的遍历可以得到文件的行数据的列表,列表中的每个数据均为字符串类型。

```
#以下为改写部分
import csv
# ls_read 中的数据项包括了字符串、整数和 None
ls_read=[
    ['序号','班级','姓名','年龄','英语','数学','Python'],
    [1,'1','李平',18,8,78,98],
    [2,'1','高山',19,56,None,66],
    [3,'2','杨国福',17,95,65,81],
    [4,'2','赵胜利',18,99,78,98],
```

```
        [5,'1','张长江',18,87,81,86],
        [6,'2','钱进',19,97,57,86],
        [7,'1','王强',17,82,64,75]
        ]
ls_write=[]
try:
    with open('stu_score.csv','r')as f:  #文件已存在，只需读取数据到 ls_write
        print('\n 文件已存在，读取文件内容输出！———>\n')
        reader=csv.reader(f)
        for row in reader:
            ls_write.append(row)
        f.close()
except FileNotFoundError:                #文件不存在
    with open('stu_score.csv','w+',newline='') as f:  #先将 ls_read 二维数据写入
                                                        文件
        print('\n 文件不存在，先写数据到文件，再读取文件内容输出！——>\n')
        writer=csv.writer(f)
        writer.writerows(ls_read)        #直接将 ls_read 写入文件，无须转换类型
        f.seek(0)                        #文件指针调回头部
        reader=csv.reader(f)
#从 reader 中遍历的每个 row 为文件的行数据列表
        for row in reader:
#row 列表的各数据项的类型均为字符串
            ls_write.append(row)
        f.close()
#以上改写结束
for row in ls_write:                     #输出 ls_write 的数据
    str=''
    for item in row:
        str+=item+'\t'
    print(str)
```

程序的运行结果：
文件不存在，先写数据到文件，再读取文件内容输出！——>

序号	班级	姓名	年龄	英语	数学	Python
1	1	李平	18	8	78	98
2	1	高山	19	56		66
3	2	杨国福	17	95	65	81
4	2	赵胜利	18	99	78	98
5	1	张长江	18	87	81	86
6	2	钱进	19	97	57	86
7	1	王强	17	82	64	75

说明：上述运行结果是程序首次运行，且不存在 stu_score.csv 文件的显示。比较【例 8-16】和【例 8-17】写入的二维数据 ls_read：使用文件对象的 write() 方法写入的必须是字符串，否则需要转换为字符串，使用标准库 CSV 模块可以直接写入无须转换。另外在读写文件数据时，使用 CSV 模块可以方便处理字典数据。

【例 8-18】改写【例 7-24】，将表 8-4 学生成绩表中数据写入文件中，读取文件内容到字典 stu 中然后输出，再分别按 Name（姓名）、Score（成绩）升序输出信息。

表 8-4　学生成绩表

Name	Score	Name	Score
John	A	Mike	C
Emily	A	Ashley	A
Betty	B		

分析：改写【例 7-24】，在 stu 中数据结构不变的前提下，需要改变的功能就是数据输入时不但要存入 stu 字典中，还要写到文件中，输出 stu 的数据时应该从文件中读取数据。

```python
stu={}
#以下改写开始
try:
    with open('stu.csv','r')as f:
        for row in f:#for row in f.readlines():
            stu_in=dict([row.strip('\n').split(',')])
            stu.update(stu_in)
        inf=input("输入数据,请按（Y/y）：")
        while inf=='Y' or inf=='y':
            name=input('name:')
            score=input('score:')
            f.write(name+','+score+'\n')
            stu_in=dict(((name,score),))
            stu.update(stu_in)
            inf=input("输入数据，请按（Y/y）：")
        f.close()
except FileNotFoundError:
    with open('stu.csv','w') as f:
        inf=input("输入数据,请按（Y/y）：")
        f.write('Name,Score\n')
        while inf=='Y' or inf=='y':
            name=input('name:')
            score=input('score:')
            f.write(name+','+score+'\n')
            stu_in=dict(((name,score),))
            stu.update(stu_in)
            inf=input("输入数据，请按（Y/y）：")
```

```
            f.close()
            print()
#以上改写结束
print('原始数据: ')
for i,j in stu.items():
    print('{:<8}\t{:<8}\t'.format(i,j))
stu_n=list(stu)
stu_n.sort(reverse=False)
print()
print('按姓名排序的数据: ')
print('{:<8}\t{:<8}\t'.format('Name','Score'))
for i in stu_n:
    print('{:<8}\t{:<8}\t'.format(i,stu[i]))
stu_s=set(stu.values())
stu_s=list(stu_s)
stu_s.sort(reverse=True)
print()
print('按成绩排序的数据: ')
print('{:<8}\t{:<8}\t'.format('Name','Score'))
for s in stu_s:
    for i,js in stu.items():
        if js==s:
            print('{:<8}\t{:<8}\t'.format(i,js))
```

说明：程序的改写的部分用于对文件的读写和字典 stu 赋值。使用"try…except FileNotFoundError"检测异常，若文件已存在，则执行 try 语句块，先读文件内容，之后可以向文件写入键盘数据的新数据；若文件不存在则执行"except FileNotFoundError:"语句块，新建文件并向文件写入键盘数据的数据。

【例8-19】改写【例7-25】，编写"通讯录系统"，要求将通讯录保存到文件中，向文件读写数据实现通讯录的添加、删除、查找和修改联系人的功能。

分析：原程序需要增加文件读写。读文件数据来初始化 address，当添加联系人信息时需要将数据追加写入文件，当删除、修改联系人信息时需要将全部数据从头开始重新写入文件。

```
def get_addr():
    lst=[]
    try:
        with open('address.txt','r')as fp:        #文件存在，则读文件
            for row in fp.readlines():
                lst.append(row.split())
            fp.close()
    except FileNotFoundError:                      #文件不存在，则新建文件
        fp=open('address.txt','w')
        fp.close()
```

```python
        return dict(lst)
def ins_addr(name,tel):
    with open('address.txt','a+')as f:
        f.write(name+' '+tel+'\n')
        f.close()
def save_addr(addrs):
    with open('address.txt','w')as f:
        for i,j in addrs.items():
            f.write(i+' '+j+'\n')
        f.close()


print('''\n--------通讯录系统 --------
1.添加联系人  2.删除联系人
3.查找联系人  4.修改联系人
5.显示通讯录  6.退出\n''')
address=get_addr()        #调用读取文件的函数, 初始化通讯录
while True:
    num=int(input('请输入需要的菜单功能数字: '))
    if num==1:
        name=input('请输入联系人姓名: ')
        tel=input('请输入联系人电话: ')
        if address.setdefault(name,tel)==name:
            print('----------->已存在此联系人! 请重新输入联系人姓名! ')
        else:
            ins_addr(name,tel)
            print('----------->已添加新联系人到通讯录! ')
    if num==2:
        name=input('请输入联系人姓名: ')
        if address.pop(name,'不存在')=='不存在':
            print('----------->不存在此联系人! ')
        else:
            save_addr(address)
            print('----------->已删除此联系人! ')
    if num==3:
        name=input('请输入联系人姓名: ')
        if address.get(name,'不存在')=='不存在':
            print('----------->不存在此联系人! ')
        else:
            print('联系人姓名: {:8}\t 联系人电话: {}'.format(name,address[name]))
    if num==4:
        name=input('请输入联系人姓名: ')
```

```
            if address.get(name,'不存在')=='不存在':
                print('----------->不存在此联系人！')
            else:
                tel=input('请输入联系人电话: ')
                address[name]=tel
                save_addr(address)
                print('联系人姓名: {:8}\t 联系人电话: {}'.format(name,address[name]))
    if num==5:
        print('\n-----------通讯录-----------')
        for i,j in address.items():
            print('联系人姓名: {:8}\t 联系人电话: {}'.format(i,j))
        print()
    if num==6:
        print('退出系统~~~')
        break;
```

程序的运行结果：

```
--------通讯录系统 --------
1.添加联系人   2.删除联系人
3.查找联系人   4.修改联系人
5.显示通讯录   6.退出
请输入需要的菜单功能数字: 1
请输入联系人姓名: Tom
请输入联系人电话: 11111111
----------->已添加新联系人到通讯录！
请输入需要的菜单功能数字: 1
请输入联系人姓名: Tina
请输入联系人电话: 22222222
----------->已添加新联系人到通讯录！
请输入需要的菜单功能数字: 1
请输入联系人姓名: 李林
请输入联系人电话: 33333333
----------->已添加新联系人到通讯录！

请输入需要的菜单功能数字: 5

-----------通讯录-----------
联系人姓名: Tom        联系人电话: 111111111
联系人姓名: Tina       联系人电话: 222222222
联系人姓名: 李林        联系人电话: 333333333
```

```
请输入需要的菜单功能数字：6
退出系统~~~
```

说明：自定义函数 get_addr() 用于创建一个空通讯录文件，或读取通讯录文件内容，get_addr() 函数返回一个字典类型数据。通过调用 get_addr() 函数初始化 address 数据。ins_addr(name,tel) 函数用于向文件中末尾添加新的通讯记录，save_addr(addrs) 函数用于修改、删除通讯记录后重写通讯录文件，一条通讯记录包括联系人姓名和电话两部分信息。

【例 8-20】改写【例 7-26】，从文件读写数据，实现学生信息的添加、删除、查询、修改和统计等功能。

分析：改写方案一，需要增加文件读写。读文件数据来初始化 stu，当发生信息的变化时（添加、删除、修改）需要将数据写入文件。

```python
#方案一的改写
import csv
print('''--------学生信息管理系统 --------
1.添加学生信息    2.删除学生信息
3.查找学生信息    4.修改学生信息
5.显示学生信息    6.统计各科最高分
7.统计每个学生的总分
8.退出系统''')
def show(stus):
    print('序号\t班级\t姓名\t年龄\t英语\t数学\tPython')
    for stu_inf in stus:
        for j in stu_inf:
            print('{}\t'.format(j),end='')
        print()
    print()
def ini_stu():
    inf=[]
    no_s=set()
    try:
        with open('student.csv','r')as f:        #文件已存在，只需读取数据到 inf
            print('\n 文件已存在\n')
            reader=csv.reader(f)
            for row in reader:
                inf.append(row)
                no_s.add(int(row[0]))
            f.close()
    except FileNotFoundError:
        print('\n 文件不存在，请先输入数据！\n')
    return inf,no_s
def Rewrite_f(info):
    with open('student.csv','w',newline='')as f:
```

```python
        writer=csv.writer(f)
        writer.writerows(info)
        f.close()
stu,no_set=ini_stu()
num=int(input('请输入需要的菜单功能数字: '))
while True:
    if num==1:        #菜单1: 添加学生信息, 序号唯一
        no=eval(input('请输入学生序号: '))
        if no in no_set:
            print('——>序号已存在! ')
            continue;
        ins_stu=[]
        classnum=input('请输入学生班级: ')
        name=input('请输入学生姓名: ')
        age=eval(input('请输入学生年龄: '))
        eng=eval(input('请输入学生的英语成绩: '))
        mth=eval(input('请输入学生的数学成绩: '))
        py=eval(input('请输入学生的Python成绩: '))
        ins_stu=[no,classnum,name,age,eng,mth,py]
        no_set.add(no)
        with open('student.csv','a+',newline='')as f:
            writer=csv.writer(f)
            writer.writerow(ins_stu)
            stu.append(ins_stu)
            f.seek(0)
        print()
    if num==2:        #菜单2: 删除指定序号的学生信息
        no=eval(input('请输入要删除的学生序号: '))
        if no in no_set:
            for i,del_n in enumerate(stu):
                if del_n[0]==no:
                    del stu[i]
                    no_set.discard(no)
                    Rewrite_f(stu)
                    print('已删除序号:{}的学生信息! '.format(no))
                    break;
        else:
            print('——>序号:{}的学生不存在! '.format(no))
        print()
    if num==3:        #菜单3: 查找指定姓名的学生, 并显示学生信息
        name=input('请输入要查询的学生姓名: ')
```

```python
        flag=False
        inf=''
        for i,query_stu in enumerate(stu):
            if query_stu[2]==name:
                flag=True
                for j in query_stu:
                    inf+=str(j)+'\t'
                inf+='\n'
        if flag==True:
            print('查到姓名:{}的学生信息'.format(name))
            print('序号\t 班级\t 姓名\t 年龄\t 英语\t 数学\tPython')
            print('{}'.format(inf),end='')
        else:
            print('未查到姓名:{}的学生信息'.format(name))
        print()
    if num==4:      #菜单4：修改指定序号的学生信息
        no=eval(input('请输入要修改的学生序号：'))
        if no in no_set:
            for i,query_stu in enumerate(stu):
                if query_stu[0]==no:
                    classnum=input('请输入学生班级：')
                    name=input('请输入学生姓名：')
                    age=eval(input('请输入学生年龄：'))
                    eng=eval(input('请输入学生的英语成绩：'))
                    mth=eval(input('请输入学生的数学成绩：'))
                    py=eval(input('请输入学生的 Python 成绩：'))
                    stu[i]=[no,classnum,name,age,eng,mth,py]
                    Rewrite_f(stu)
                    break;
            print()
        else:
            print('——>序号:{}的学生不存在！'.format(no))
    if num==5:      #菜单5：显示全部学生信息
        print('——学生信息——')
        show(stu)
    if num==6:      #菜单6：统计各科最高分
        print('——学生信息：统计各科最高分——')
        show(stu)
        eng_ls=[]
        mth_ls=[]
        py_ls=[]
```

```
        for stu_inf in stu:
            eng_ls.append(stu_inf[4])
            mth_ls.append(stu_inf[5])
            py_ls.append(stu_inf[6])
        eng_max=max(eng_ls)
        mth_max=max(mth_ls)
        py_max=max(py_ls)
        print('英语的最高分: ',eng_max)
        print('数学的最高分: ',mth_max)
        print('Python 的最高分: ',py_max)
    if num==7:          #菜单 7: 统计总分
        print('——学生信息: 统计总分——')
        print('序号\t班级\t姓名\t年龄\t英语\t数学\tPython\t总分')
        tol=[]
        for stu_inf in stu:
            tol.append(sum(stu_inf[4:7]))
        for i,stu_inf in enumerate(stu):
            for j in stu_inf:
                print('{}\t'.format(j),end='')
            print(tol[i])
        print()
    if num==8:          #菜单 8: 退出系统
        print('退出系统~~~')
        break;
    num=int(input('请输入需要的菜单功能数字: '))
```

说明: 上述为【例 7-26】方案一的改写, 程序的主体功能菜单不变, 主要增加了两个自定义函数 ini_stu()和 Rewrite_f(info)。ini_stu()函数用于初始化 stu 二维列表, 若文件存在, 从文件读数据到 stu 中, 文件不存在则 stu 赋值为空列表。Rewrite_f(info)函数用于当对数据进行删除和修改时, 同步信息到文件中, 即重写文件内容, 该函数在菜单 2 和菜单 4 的处理中被调用。另外, 程序的功能菜单 1 用于添加数据, 因此增加了向文件追加写的代码。方案二的改写请自行思考解决。

 习题

一、选择题

二、填空题

1. 对文件进行写入操作之后，_____方法用来在不关闭文件对象的情况下将缓冲区内容写入文件。

2. 使用上下文管理关键字_____可以自动管理文件对象,不论何种原因结束该关键字中的语句块，都能保证文件被正确关闭。

3. 对于文本文件，使用 Python 内置函数 open()成功打开后返回的文件对象_____（可以/不可以）使用 for 循环直接迭代。

4. Python 用_____表示文件当前读/写位置。

5. 调用_____方法可以手动移动文件指针。

第9章
Python第三方库安装及常用库介绍

学习目标

- 掌握 Python 第三方库的安装方法。
- 掌握第三方库: pyinstaller 库、jieba 库、WordCloud 库的使用方法。
- 运用科学计算库进行矩阵分析、数值运算和图表绘制。
- 了解网络爬虫的基本方法。

9.1 Python 第三方库的安装

Python 语言拥有十多万个第三方库，这些强大、丰富的库函数功能让 Python 语言几乎无所不能。Python 语言中的第三方库与标准库不同，它必须安装后才能使用。安装第三方库的常用方法有三种: pip 工具安装、自定义安装和文件安装。

9.1.1 pip 工具安装

最常用且最高效的 Python 第三方库安装方式是采用 pip 工具安装。pip 是 Python 官方提供并维护的在线第三方库安装工具。pip 命令是 Python 语言的内置命令，但是它在 IDLE 环境下不能运行，只能通过命令行程序执行: 按快捷键 Win+R 打开运行窗口，如图 9-1 所示，在图 9-1 中输入 cmd 后回车，可以打开命令提示符。

pip 如果不是最新版本则需要升级，升级命令为"pip install -U pip"。执行 pip -h 命令将列出 pip 常用的子命

图 9-1　运行窗口

令，如图9-2所示。pip 支持安装（install）、卸载（uninstall）、显示（list）、查看（show）等一系列安装及维护子命令。

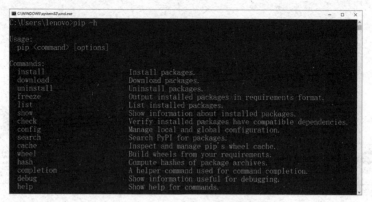

图9-2　pip –h 命令效果示意图

安装第三方库的命令格式如下：

pip　　install　　<拟安装库名>

pip 工具默认从网络上下载第三方库安装文件并自动安装到系统中。例如，安装 jieba 库，如图9-3所示。如果成功安装了第三方库，系统会出现"Successfully installed..."的提示信息。

图9-3　安装成功示意图

卸载第三方库的命令格式如下：

pip　　uninstall　　<拟卸载库名>

卸载某个第三方库，在卸载过程中需要用户进一步确认是否卸载。例如，卸载 jieba 库，如图9-4所示。如果成功卸载了第三方库，系统会出现"Successfully uninstalled..."的提示信息。

图9-4　卸载成功示意图

显示已经安装的第三方库命令格式如下：

pip　　list

列出当前系统中已经安装的第三方库的名称，所有第三方库以英文字母排序全部列出，如图 9-5 所示。

显示某个已安装的库信息命令格式如下：

pip show   <拟查询库名>

显示某个已安装的库的详细信息，包括库名称（Name）、版本号（Version）、作者（Author）、位置（Location）、作者邮箱（Author-email）等，例如查询 jieba 库，如图 9-6 所示。

图 9-5   部分已安装第三方库   图 9-6   jieba 库信息

pip 是 Python 第三方库最主要的安装方式，可以安装 95%以上的第三方库。然而，由于一些历史、技术和政策等原因，还有一些第三方库暂时无法用 pip 安装，此时，需要其他的安装方法。

pip 工具与操作系统也有关系，在 Mac OS X 和 Linux 等操作系统中，pip 工具几乎可以安装任何 Python 第三方库；在 Windows 操作系统中，有一些第三方库仍然需要用其他方式尝试安装。

9.1.2   自定义安装

自定义安装指按照第三方库提供的步骤和方式安装，第三方库都有主页用于维护库的代码和文档。以科学计算用的 numpy 库为例，可以浏览开发者维护的官方主页找到下载链接进而根据指示步骤安装。

自定义安装一般适用于在 pip 中尚无登记或安装失败的第三方库。

9.1.3   文件安装

由于 Python 某些第三方库仅提供源代码，通过 pip 下载文件后无法在 Windows 系统编译安装，会导致第三方库安装失败。在 Windows 平台下所遇到的无法安装第三方库的问题大多属于这类。

为了解决这类第三方库安装问题，美国加利福尼亚大学尔湾分校提供了一个页面，帮助 Python 用户获得 Windows 可直接安装的第三方库文件，该网页列出了一批在 pip 安装中可能出现问题的第三方库，并以英文字母顺序排序。

以下载 WordCloud 第三方库为例，先在页面中找到 WordCloud 库对应的内容，如图 9-7 所示。然后选择适用于 Python 3.8 版本解释器和 32 位系统的对应文件：wordcloud-1.8.1-

cp38-cp38-win32.whl。下载该文件到 D 盘根目录下，然后，采用 pip 命令安装该文件："pip install D:\ wordcloud-1.8.1-cp38-cp38-win32.whl"。

Wordcloud: a little word cloud generator.
wordcloud-1.8.1-pp38-pypy38_pp73-win_amd64.whl
wordcloud-1.8.1-cp311-cp311-win_amd64.whl
wordcloud-1.8.1-cp311-cp311-win32.whl
wordcloud-1.8.1-cp310-cp310-win_amd64.whl
wordcloud-1.8.1-cp310-cp310-win32.whl
wordcloud-1.8.1-cp39-cp39-win_amd64.whl
wordcloud-1.8.1-cp39-cp39-win32.whl
wordcloud-1.8.1-cp38-cp38-win_amd64.whl
wordcloud-1.8.1-cp38-cp38-win32.whl
wordcloud-1.8.1-cp37-cp37m-win_amd64.whl
wordcloud-1.8.1-cp37-cp37m-win32.whl
wordcloud-1.8.1-cp36-cp36m-win_amd64.whl
wordcloud-1.8.1-cp36-cp36m-win32.whl
wordcloud-1.6.0-cp35-cp35m-win_amd64.whl
wordcloud-1.6.0-cp35-cp35m-win32.whl
wordcloud-1.6.0-cp27-cp27m-win_amd64.whl
wordcloud-1.6.0-cp27-cp27m-win32.whl
wordcloud-1.5.0-cp34-cp34m-win_amd64.whl
wordcloud-1.5.0-cp34-cp34m-win32.whl

图 9-7　WordCloud 库目前可供下载的版本

9.2　pyinstaller 库的使用

pyinstaller 是一个十分有用的第三方库，它能够在 Windows、Linux、Mac OS X 等操作系统下将 Python 源文件（即.py 文件）打包，变成能直接运行的可执行文件。

通过对源文件打包，Python 程序可以在没有安装 Python 的环境中运行，也可以作为一个独立文件方便传递和管理。pyinstaller 需要在命令行下用 pip 工具安装，命令格式如下：

pip install pyinstaller

（1）pyinstaller 库的使用方法

使用 pyinstaller 库对 Python 源文件打包，命令格式如下：

pyinstaller　<Python 源程序文件名>

假设在 D 盘根目录下有一个文件 ptest.py，将该文件打包成可执行文件，如图 9-8 所示。打包完毕后，将生成 dist 和 build 两个文件夹（文件生成位置与 cmd 起始位置有关，按图 9-8 所示，文件生成位置在 C:\Users\lenovo 目录下）。其中，build 目录是 pyinstaller 存储临时文件的目录，可以安全删除。最终的打包程序在 dist 目录内部与源文件同名（本例为 ptest）的目录中。双击该目录中的 ptest.exe 即可显示运行结果，目录中其他文件是可执行文件 ptest.exe 的动态链接库。

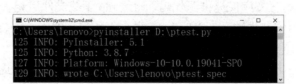

图 9-8　将 ptest.py 打包生成可执行文件示意图

（2）pyinstaller 库的参数

pyinstaller 库有一些常用参数如表 9-1 所示。

表 9-1 pyinstaller 库的常用参数

参数	功能
-h 或--help	查看帮助
-v 或--version	查看 pyinstaller 的版本
-F 或--onefile	打包单个文件，在 dist 文件夹中只生成一个 EXE 文件
-D 或--onedir	打包之后和没使用参数打包的结果一样，都是具有依赖项；也可用于打包多个文件
-i 或--iron	改变生成的可执行文件的图标

其中，-F 参数最为常用，可以通过-F 参数将 Python 源文件打包生成一个独立的可执行文件，命令格式如下：

pyinstaller -F <Python 源程序文件名>

以 D 盘根目录下的 ptest.py 为例，打包过程如图 9-9 所示。dist 目录中只生成一个 ptest.exe 文件，没有任何依赖库，执行它即可显示运行结果。

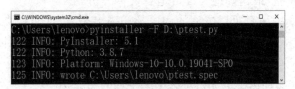

图 9-9 –F 参数打包生成可执行文件示意图

如果需要改变可执行文件的图标（图标名称为 globe.ico，且也在 D 盘根目录下），则在命令行输入如图 9-10 所示的代码，打包后即可在 dist 目录中看到已改变图标的可执行文件，如图 9-11 所示。

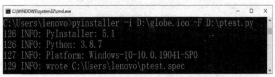

图 9-10 –i 参数打包生成可执行文件示意图

图 9-11 可执行文件的图标改变前后的效果对比图

使用 pyinstaller 库需要注意以下问题：

① 文件路径中不能出现空格和英文句号（.）。

② 源文件必须是 UTF-8 编码，暂不支持其他编码类型。采用 IDLE 编写的源文件都保存为 UTF-8 编码形式，可直接使用。

9.3 jieba 库的使用

对于一段英文文本，例如，"China is a great country"（中国是个伟大的国家），如果希望提取其中的单词，只需要使用字符串处理的 split() 方法进行分词即可，代码如下：

```
>>> "China is a great country".split()
['China', 'is', 'a', 'great', 'country']
```

英文文本可以通过空格分隔，而中文的词与词之间缺少分隔符，这是中文及类似语言独有的"分词"问题。

jieba 库是 Python 中一个重要的中文分词第三方库，能够将一段中文文本分隔成中文词语的序列。jieba 库需要通过 pip 工具安装，命令格式如下：

pip   install   jieba

jieba 库的分词原理是利用一个中文词库，将待分词的内容与分词词库进行比对，通过图结构和动态规划方法找到最大概率的词组。例如，分词能够将"中国是一个伟大的国家"分为"中国""是""一个""伟大""的""国家"等一系列词语。

jieba 库支持以下三种分词模式。

① 精确模式：将句子最精确地分开，适合文本分析。

② 全模式：把句子中所有可以成词的词语都扫描出来，速度非常快，但是不能解决歧义。

③ 搜索引擎模式：在精确模式基础上，对长词再次切分，提高召回率，适合用于搜索引擎分词。

除了分词，jieba 库还提供了增加自定义中文单词的功能。jieba 库包含的常用分词函数如表 9-2 所示。

表 9-2   jieba 库常用的分词函数

函数	说明
jieba.cut(s)	精确模式，返回一个可迭代的数据类型
jieba.cut(s,cut_all=True)	全模式，输出文本 s 中所有可能的单词
jieba.cut_for_search(s)	搜索引擎模式，适合搜索引擎建立索引的分词结果
jieba.lcut(s)	精确模式，返回一个列表类型
jieba.lcut(s,cut_all=True)	全模式，返回一个列表类型
jieba.lcut_for_search(s)	搜索引擎模式，返回一个列表类型
jieba.add_word(w)	向分词词典中增加新词 w

【例 9-1】jieba 库中文分词的基本应用。

```
>>> import jieba
>>> jieba.lcut("中华人民共和国是一个伟大的国家")
['中华人民共和国', '是', '一个', '伟大', '的', '国家']
>>> jieba.lcut("中华人民共和国是一个伟大的国家",cut_all=True)
['中华', '中华人民', '中华人民共和国', '华人', '人民', '人民共和国', '共和', '共和国',
'国是', '一个', '伟大', '的', '国家']
>>> jieba.lcut_for_search("中华人民共和国是一个伟大的国家")
['中华', '华人', '人民', '共和', '共和国', '中华人民共和国', '是', '一个', '伟大', '的
', '国家']
>>> jieba.cut("中华人民共和国是一个伟大的国家")
<generator object Tokenizer.cut at 0x03F34A38>
```

从运行结果可以看出以下内容。

① jiejba.lcut(s)：返回精确模式，输出的分词能够完整且不多余地组成原始文本。

② jieba.lcut(s,cut_all=True)：返回全模式，输出原始文本中可能产生的所有分词，冗余性最大。

③ jieba.lcut_for_search(s)：返回搜索引擎模式，该模式首先执行精确模式，然后再对其中的长词进一步切分获得结果。

由于列表类型通用且灵活，建议使用上述 3 个能够返回列表类型的分词函数。

【例 9-2】jieba 库添加分词的基本应用。

```
>>> import jieba
>>> jieba.lcut("全国计算机等级考试 Python 科目")
['全国','计算机','等级','考试','Python','科目']
>>> jieba.add_word("Python 科目")
>>> jieba.lcut("全国计算机等级考试 Python 科目")
['全国','计算机','等级','考试','Python 科目']
```

增加新单词后，当遇到该词语时将不再被分词。

9.4　WordCloud 库的使用

数据展示的方式多种多样，传统的统计图尽管很科学，但略显古板。尤其对于文本来说，对更加直观、带有一定艺术感的展示效果需求很大。对于这类需求，词云（wordcloud）特有的展示方式深得人心。

WordCloud 库是根据文本生成词云的 Python 第三方库。词云以词语为基本单位，根据其在文本中出现的频率设计大小不同的效果，从而能更加直观和艺术地展示文本。WordCloud 库需要通过 pip 工具安装，命令格式如下：

pip　install　wordcloud

WordCloud 库的核心是 WordCloud 类，所有的功能都封装在 WordCloud 类中。使用时需要实例化一个 WordCloud 类的对象，并调用其 generate(text)方法将 text 文本转化为词云。WordCloud 类在创建时有一系列可选参数，用于配置词云图片，其常用参数如表 9-3 所示，WordCloud 类的常用方法及对应功能如表 9-4 所示。

表 9-3　WordCloud 对象创建的常用参数

参数	功能
font_path	指定字体文件的完整路径，默认 None
width	生成图片宽度，默认 400 像素
height	生成图片高度，默认 200 像素
mask	词云形状，默认 None，即方形图
min_font_size	词云中字体的最小字号，默认 4 号
font_step	字号步进间隔，默认 1
max_font_size	词云中字体的最大字号，默认 None，根据高度自动调节
max_words	词云图中最大词数，默认 200
stopwords	排除词列表，排除词不在词云中显示
background_color	图片背景颜色，默认黑色

表 9-4　WordCloud 类的常用方法及对应功能

方法	功能
generate(text)	由 text 文本生成词云
to_file(filename)	将词云图保存为名为 filename 的文件

【例 9-3】WordCloud 类的常用方法基本应用。

```
import wordcloud
txt="learning wordcloud by python"
c=wordcloud.WordCloud()
c.generate(txt)
c.to_file("pycy1.jpg")
```

上面代码的第一行是导入 WordCloud 库，第二行是生成字符串变量 txt，第三行是生成一个 WordCloud 类的实例，第四行是通过 generate(txt)方法由字符串 txt 生成词云，第五行是将词云图保存为名为 pycy1.jpg 的图片文件。运行该代码会生成如图 9-12 所示的 pycy1.jpg 图片文件，它与【例 9-3】源文件在同一目录下。

注意：在统计单词出现次数时，1~2 个字符的单词会被过滤掉。

图 9-12　字符串生成词云图片

WordCloud 库默认用 generate(text)方法以空格或标点为分隔符对文本进行分词处理。对于中文文本，分词处理需要由用户来完成，先调用 jieba 库将文本分词处理，然后以空格拼接，再调用 WordCloud 库生成词云图。词云图的大小、颜色、形状都可以设定，设置方法是在实例化 WordCloud 对象时给定。如果想设定词云图的背景色为白色，高度和宽度都为 300 像素，对应的代码如【例 9-4】。

【例 9-4】WordCloud 类的常用参数基本应用。

```
import jieba
import wordcloud
txt="程序设计语言是计算机能够理解和识别用户操作意图的一种交互体系"
words=jieba.lcut(txt)              #精确分词
newtxt=''.join(words)             #空格拼接
c=wordcloud.WordCloud(width=300,height=300,\
                      background_color='white',\
                      font_path='msyh.ttc')
c.generate(newtxt)
c.to_file("pycy2.jpg")
```

词云默认不支持显示中文，中文会被显示成方框。然而，只要在 WordCloud 参数里添加

font_path 即可显示中文，在【例 9-4】中选择了微软雅黑字体（msyh.ttc）作为显示效果，最终运行该代码，生成如图 9-13 所示的 pycy2.jpg 图片文件。

图 9-13　中文词云实例效果

9.5　数据分析与图表绘制

numpy 是 Numerical Python（数值 Python）的简称，numpy 库是高性能科学计算和数据分析的基础库。matplotlib 库是 Python 的一个 2D（二维）绘图库，使用它可以快速绘制数据分析常用的直方图、功率谱、条形图、散点图等图表。numpy 库通常与 matplotlib 库一起使用，用于替代传统的 Matlab 计算平台，实现数据分析与图表绘制。

9.5.1　numpy 库

numpy 库提供了高效的数值处理功能，本小节介绍 numpy 库最基本的功能，包括数组的创建、索引与切片以及常用的数学与统计分析函数。numpy 库属于第三方库，使用之前需要安装相应的库模板，并进行如下的导入：

```
>>> import numpy as np
```

在后续部分中，使用 np 代替 numpy。

（1）创建数组

numpy 库处理的最基础数据类型是由同种元素构成的多维数组（ndarray），简称"数组"。数组中所有元素的类型必须相同，numpy 库常用的创建数组的函数如表 9-5 所示。

表 9-5　numpy 库常用的创建数组的函数

函数	说明
np.array([x,y,z][,dtype])	用 Python 的列表或元组创建数组，类型由 dtype 指定
np.arange([x,]y[,i])	以 i 为步长，创建一个由 x 到 $y-1$ 的数组；如果省略 x 和 i，则创建一个由 0 到 $y-1$ 的数组，步长为 1
np.linspace(x,y,n)	创建一个由 x 到 y，等分为 n 个元素的数组
np.indices((m,n))	创建一个 m 行 n 列的数组
np.random.rand(m,n)	创建一个 m 行 n 列的随机数组
np.eye((n))	创建一个 n 行 n 列的单位数组，对角线为 1，其余为 0
np.ones((m,n)[,dtype])	创建一个 m 行 n 列的全 1 数组
np.zeros((m,n)[,dtype])	创建一个 m 行 n 列的全 0 数组

创建一个简单的数组后，可以查看 ndarray 数组的基本属性，常用属性如表 9-6 所示。

表 9-6　ndarray 数组的常用属性

属性	说明
ndarray.ndim	数组的维数，二维数组 ndim 是 2
ndarray.shape	数组各维的大小，对于一个 m 行 n 列的数组，shape 为(m,n)
ndarray.size	数组元素的总数
ndarray.dtype	数组中元素的数据类型，可以是 int16、int32 和 float64 等

【例 9-5】数组创建方法与数组属性实例。

```
>>> import numpy as np
>>> np.array([1,2,3])          #用列表创建一维数组
array([1, 2, 3])
>>> np.array([[1,0],[2,0],[3,1]])     #用列表创建二维数组
array([[1, 0],
       [2, 0],
       [3, 1]])
>>> np.arange(10)              #用 arange 创建数组
array([0, 1, 2, 3, 4, 5, 6, 7, 8, 9])
>>> np.arange(2,10,2)
array([2, 4, 6, 8])
>>> np.linspace(0,10,5)        #用 linspace 创建等分数组
array([ 0. , 2.5, 5. , 7.5, 10. ])
>>> np.eye(3)                  #用 eye 创建单位数组
array([[1., 0., 0.],
       [0., 1., 0.],
       [0., 0., 1.]])
>>> x=np.ones((3,4))
>>> x
array([[1., 1., 1., 1.],
       [1., 1., 1., 1.],
       [1., 1., 1., 1.]])
>>> x.ndim
2
>>> x.shape
(3, 4)
>>> x.size
12
>>> x.dtype
dtype('float64')
```

（2）数组的索引与切片

与 Python 中列表和其他序列一样，一维数组可以进行索引和切片操作；多维数组可以在每个维度有一个索引，且由逗号分隔。表 9-7 给出了 ndarray 数组的索引和切片方法。注意：

数组切片得到的是原始数组的视图，所有修改都会直接作用到原始数组。

表9-7　ndarray 数组的索引和切片方法

方法	说明
x[i]	索引第 i 个元素
x[-i]	从后向前索引第 i 个元素
x[m:n]	默认步长为1，从第 m 个元素索引到第 n 个元素，不包括 n
x[m:n:i]	按步长 i，从第 m 个元素索引到第 n 个元素，不包括 n
x[-n:-m]	默认步长为1，从后向前索引到第 m 个元素，不包括 m

【例9-6】数组索引与切片实例。

```
>>> x=np.array([0,5,9,10,26,110,237])
>>> x
array([ 0,5,9,10,26,110,237])
>>> x[2]                #索引
9
>>> x[2:6]              #切片
array([9,10,26,110])
>>> x[2:6:2]
array([9,26])
>>> x[-2]
110
>>> x[-2:-6:-1]
array([110,26,10,9])
>>> x[2:6:2]=3          #改变切片的值
>>> x                   #数组元素也相应地改变
array([0,5,3,10,3,110,237])
>>> a=np.array([[1,2,3],[4,5,6],[7,8,9]])
>>> a
array([[1, 2, 3],
       [4, 5, 6],
       [7, 8, 9]])
>>> a[1]
array([4, 5, 6])
>>> a[1,2]
6
>>> a[:,2]
array([3, 6, 9])
>>> a[1:3,1:2]
array([[5],
       [8]])
```

（3）数组的运算

numpy 库提供了运算函数，利用这些函数可以对大小相等的两个数组进行算术运算和比较运算，如表 9-8 所示。这些函数中，参数 z 可选：如果没有指定 z，将创建并返回一个新的数组保存计算结果；如果指定参数 z，则将结果保存到参数 z 中。

表 9-8　numpy 库的常用算术运算与比较运算函数

函数	说明
np.add(x,y[,z])	z=x+y，数组对应元素相加
np.subtract(x,y[,z])	z=x-y，数组对应元素相减
np.multiply(x,y[,z])	z=x*y，数组对应元素相乘
np.divide(x,y[,z])	z=x/y，数组对应元素相除
np.equal(x,y[,z])	z=x==y，结果为布尔型数组
np.not_equal(x,y[,z])	z=x!=y，结果为布尔型数组
np.greater(x,y[,z])	z=x>y，结果为布尔型数组
np.greater_equal(x,y[,z])	z=x>=y，结果为布尔型数组
np.less(x,y[,z])	z=x<y，结果为布尔型数组
np.less_equal(x,y[,z])	z=x<=y，结果为布尔型数组

【例 9-7】数组运算实例。

```
>>> a=np.ones((3,3))
>>> a
array([[1., 1., 1.],
       [1., 1., 1.],
       [1., 1., 1.]])
>>> b=np.eye((3))
>>> b
array([[1., 0., 0.],
       [0., 1., 0.],
       [0., 0., 1.]])
>>> c=a+b
>>> c
array([[2., 1., 1.],
       [1., 2., 1.],
       [1., 1., 2.]])
>>> np.add(a,b,c)
array([[2., 1., 1.],
       [1., 2., 1.],
       [1., 1., 2.]])
>>> c
array([[2., 1., 1.],
       [1., 2., 1.],
       [1., 1., 2.]])
>>> d=c*2
>>> d
array([[4., 2., 2.],
```

```
                [2., 4., 2.],
                [2., 2., 4.]])
>>> a==b
array([[ True, False, False],
       [False,  True, False],
       [False, False,  True]])
>>> np.equal(a,b)
array([[ True, False, False],
       [False,  True, False],
       [False, False,  True]])
>>> np.greater(a,b)
array([[False,  True,  True],
       [ True, False,  True],
       [ True,  True, False]])
```

（4）数组的统计分析

numpy 库提供了很多有用的统计函数。例如，计算数组中全部或部分元素的和或平均值，从数组的全部或部分元素中查找最大值和最小值，计算标准差和方差等。numpy 库常用的统计分析函数如表 9-9 所示。

表 9-9　numpy 库常用的统计分析函数

函数	说明
np.sum(x[,axis])	求数组中全部或某轴向的元素之和。axis=0，表示按列求和；axis=1，表示按行求和
np.mean(x[,axis])	求数组中全部或某轴向的元素的平均值，axis 含义同 np.sum()函数
np.max(x[,axis])	求数组中全部或某轴向的元素的最大值，axis 含义同 np.sum()函数
np.min(x[,axis])	求数组中全部或某轴向的元素的最小值，axis 含义同 np.sum()函数
np.argmax(x[,axis])	求数组中全部或某轴向的元素的最大值的位置，axis 含义同 np.sum()函数
np.argmin(x[,axis])	求数组中全部或某轴向的元素的最小值的位置，axis 含义同 np.sum()函数
np.cumsum(x[,axis])	求数组中全部或某轴向的元素的累加和，axis 含义同 np.sum()函数
np.cumprod(x[,axis])	求数组中全部或某轴向的元素的累积乘，axis 含义同 np.sum()函数
np.std(x[,axis])	求数组中全部或某轴向的元素的标准差，axis 含义同 np.sum()函数
np.var(x[,axis])	求数组中全部或某轴向的元素的方差，axis 含义同 np.sum()函数
np.cov(x[,axis])	求数组中全部或某轴向的元素的协方差，axis 含义同 np.sum()函数

【例 9-8】数组统计分析函数使用实例。

```
>>> import numpy as np
>>> x=np.array(((1,2,3),(4,5,6)))          #用元组创建二维数组
>>> x
array([[1, 2, 3],
       [4, 5, 6]])
>>> np.sum(x)              #所有元素求和
21
>>> np.sum(x,0)              #按列求和
array([5, 7, 9])
```

```
>>> np.sum(x,1)                #按行求和
array([ 6, 15])
>>> np.max(x)                  #所有元素最大值
6
>>> np.argmax(x)               #所有元素最大值位置
5
>>> np.max(x,1)                #按行求最大值
array([3, 6])
>>> np.argmax(x,1)             #按行求最大值位置
array([2, 2], dtype=int32)
>>> np.cumsum(x)               #所有元素累加求和
array([ 1, 3, 6, 10, 15, 21])
>>> np.cumsum(x,0)             #按列累加求和
array([[1, 2, 3],
       [5, 7, 9]])
>>> np.std(x)                  #计算标准差
1.707825127659933
```

9.5.2　matplotlib 库

matplotlib 库是 Python 最主要的数据可视化功能库。matplotlib 官方网站上提供了很多各种类型图的缩略图，而且每一幅都有源程序。

matplotlib 库属于第三方库，使用之前需要安装相应的库模板，其子库 pyplot 包含大量与 Matlab 相似的函数调用接口，非常适合进行绘图以达到数据可视化的目的，该子库的引用方式如下：

```
>>> import matplotlib.pyplot as plt
```

在后续部分中，plt 将代替 matplotlib.pyplot。plt 子库提供了一批绘图函数，常用函数如表 9-10 所示，每个函数代表对图像进行的一个操作。

表 9-10　plt 子库的常用绘图函数

函数	说明
plt.figure(figsize=None,facecolor=None)	创建一个全局绘图区域，figsize 参数用于指定绘图区域的宽度和高度，单位为英寸（1 英寸=2.54 厘米）；facecolor 参数用于指定背景颜色
plt.subplot(nrows, ncols, plot_number)	在全局绘图区域内创建子绘图区域，其参数表示将全局绘图区域分成 nrows 行和 ncols 列，并根据先行后列的计数方式在 plot_number 位置生成一个坐标系
plt.show()	显示创建的绘图对象
plt.plot(x, y, ls, lw, label, color)	根据 x、y 数据绘制直线、曲线：ls 为线型（linestyle），lw 为线宽（linewidth），label 为标签文本内容，color 为线条颜色
plt.scatter(x, y, c, marker, label)	绘制散点图：x、y 为相同长度的序列；c 表示点的颜色，可以为具体的颜色或一个序列，默认是蓝色；marker 为标记点，默认是圆点；label 为标签文本内容
plt.bar(x, height, width, bottom)	绘制条形图：x 表示需要绘制条形图的 x 轴的坐标点；height 表示需要绘制条形图的 y 轴的坐标点；width 表示每一个条形图的宽度，默认是"0.8"；bottom 表示 y 轴的基线，默认是 0

函数	说明
plt.pie(x, label, autopct, shadow＝False, counterclock＝False, startangle, explode)	根据 x 数据绘制饼图：label 为标签文本内容；autopct 为每个扇形标上占比；shadow 表示是否有阴影，默认值为 False，即没有阴影；counterclock 为 False，表示扇形从大到小排列的方向是顺时针方向；如果设置 startangle 为 "90"，则将最大扇形放在时钟 12 点方向；explode 可使某个扇形脱离整个圆形
plt.boxplot(x,sym,vert,patch_artist, showmeans, label)	根据 x 数据绘制箱形图：sym 是异常点的形状，默认为蓝色的加号显示；vert 表示是否需要将箱形图垂直摆放，默认垂直摆放；patch_artist 表示是否填充箱体的颜色，默认为 False；showmeans 表示是否显示均值，默认不显示；label 表示为箱形图添加标签
plt.savefig(filename)	把当前图形保存为名为 filename 的文件

plt 子库还提供了与坐标轴以及坐标系标签设置相关的函数，如表 9-11 所示。

表 9-11　plt 子库常用的坐标轴与坐标系标签设置相关函数

函数	说明
plt.title()	设置标题
plt.xlim(xmin,xmax)	设置 x 轴取值范围
plt.ylim(ymin,ymax)	设置 y 轴取值范围
plt.xlabel(s)	设置 x 轴的标签内容
plt.ylabel(s)	设置 y 轴的标签内容
plt.legend(loc)	显示图例，loc 表示图例位置
plt.grid(color,ls,lw)	设置网格线，color、ls 和 lw 分别表示网格线的颜色、线型和线宽

【例 9-9】绘制折线图。

```
import matplotlib.pyplot as plt
plt.plot([5,2,8,6,7,4])
plt.show()          #显示创建的绘图对象
```

上述代码运行结果如图 9-14 所示。plot 函数是绘制直线、曲线的最基础的函数。本例中将列表数据[5,2,8,6,7,4]作为 y 轴数据，x 轴使用默认的从 0 开始的一组数据[0,1,2,3,4,5]。如果需要使用自定义的 x 轴数据[2,4,6,8,10,12]，那么修改代码如下，运行结果如图 9-15 所示。

```
import matplotlib.pyplot as plt
plt.plot([2,4,6,8,10,12],[5,2,8,6,7,4])
plt.show()          #显示创建的绘图对象
```

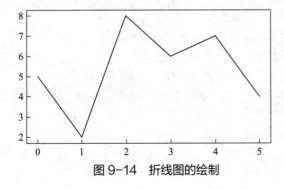

图 9-14　折线图的绘制

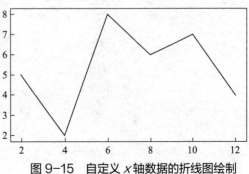

图 9-15　自定义 x 轴数据的折线图绘制

【例 9-10】使用 subplot 在全局绘图区域内创建子绘图区域。

```
import numpy as np
import matplotlib.pyplot as plt
a=np.arange(0,5,0.02)
b1=np.exp(-a)*np.cos(2*np.pi*a)          #衰减函数
b2=np.cos(2*np.pi*a)                      #余弦曲线
plt.subplot(2,1,1)
plt.plot(a,b1,ls='-',lw=6,color='r')     #创建第 1 个子图，r 表示红色，-表示实线
plt.subplot(2,1,2)
plt.plot(a,b2,ls='--',lw=2,color='c')    #创建第 2 个子图，c 表示青色，--表示破折线
plt.show()                               #显示创建的绘图对象
```

plt.subplot(2,1,2)表示创建一个 2 行 1 列的绘图区域，同时，选择在第 2 个位置绘制子图。该函数可以把参数中的逗号都去掉，表示为 plt.subplot(211)。上述代码运行结果如图 9-16 所示。

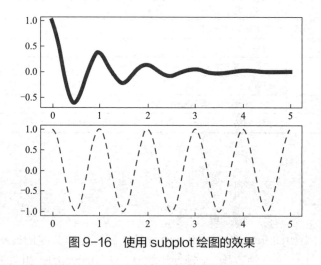

图 9-16　使用 subplot 绘图的效果

【例 9-11】绘制三角函数图。

```
import numpy as np
import matplotlib.pyplot as plt
plt.rcParams['font.family']='SimHei'
plt.rcParams['axes.unicode_minus']=False
a=np.arange(0,2.0*np.pi,0.2)      #自变量取值范围
b1=np.sin(a)                      #正弦函数
b2=np.cos(a)                      #余弦函数
plt.plot(a,b1,ls='-',lw=2,label='正弦',color='m')     #m 是洋红色
plt.plot(a,b2,ls='-.',lw=2,label='余弦',color='y')    #y 是黄色，-.是点画线
plt.legend()                      #显示图例
plt.xlabel('x-变量')             #设置 x 轴标签
plt.ylabel('y-正弦余弦函数')     #设置 y 轴标签
plt.title('正弦余弦函数图')      #显示标题
```

```
plt.savefig('sincos.jpg')          #把当前图形保存为图片文件
plt.show()                         #显示创建的绘图对象
```

plt 子库不支持中文显示或者负号显示，它需要 rcParams 参数来实现，所以在程序中添加了如下代码：

```
plt.rcParams['font.family']='SimHei'          #解决中文乱码
```

plt.savefig('sincos.jpg')表示把当前图形保存为 sincos.jpg 图片文件，它与【例 9-11】程序文件在同一目录下，上述代码运行结果如图 9-17 所示。

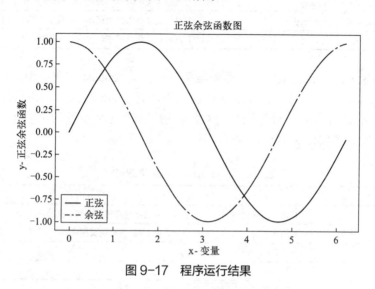

图 9-17　程序运行结果

9.6　网络爬虫

网络爬虫是自动进行 HTTP 访问并捕获 HTML 页面的程序。Python 语言提供了多个具备网络爬虫功能的第三方库。这里，仅介绍两个常用的 Python 网络爬虫库：requests 和 scrapy。

9.6.1　requests 库

requests 库是一个简洁且可以简单地处理 HTTP 请求的第三方库，它的最大优点是程序编写过程更接近正常 URL（uniform resource locator，统一资源定位符）访问过程。这个库建立在 Python 语言的 urllib3 库基础上，类似这种在其他函数库之上再封装功能、提供更友好函数的方式在 Python 语言中十分常见。

在 Windows 的 cmd 命令行中使用 pip 命令安装 requests 库，安装 requests 库后，可以通过 import 命令将其导入。requests 库常用的函数有 7 个，如表 9-12 所示，用来表示对一个网页的 HTTP 请求。通过这些请求，程序可以将 Web（万维网）网页上的内容捕获到本地，供进一步加工处理。

其中，**kwargs 是控制访问的参数，共 13 个，均为可选项，包括 params、data、json、headers、cookies、auth、files、timeout、proxies、allow_redirects、stream、verify 和 cert。

表 9-12 requests 库的常用函数

函数	说明
requests.request(method, url, **kwargs)	构造一个请求，是该表格其余 6 种方法（GET、HEAD、POST、PUT、PATCH、DELETE）的基础方法
requests.get(url, params=None, **kwargs)	获取 HTML 网页的主要方法，对应于 HTTP 的 GET
requests.head(url, **kwargs)	获取 HTML 网页头信息的方法，对应于 HTTP 的 HEAD
requests.post(url, data=None, json=None, **kwargs)	向 HTML 网页提交 POST 请求的方法，对应于 HTTP 的 POST
requests.put(url, data=None, **kwargs)	向 HTML 网页提交 PUT 请求的方法，对应于 HTTP 的 PUT
requests.patch(url, data=None, **kwargs)	向 HTML 网页提交局部修改请求，对应于 HTTP 的 PATCH
requests.delete(url, **kwargs)	向 HTML 网页提交删除请求，对应于 HTTP 的 DELETE

调用 requests.get()，会构造一个向服务器请求资源的 request 对象，然后返回一个包含服务器资源的 response 对象。例如 r = requests.get(url)，其中 get 发送一个 request 请求，返回值 r 就是 response 对象，r 包含了各种网页内容，再通过调用 r 的属性，可以实现对网页资源的应用。response 对象的属性如表 9-13 所示。

表 9-13 response 对象的属性

函数	说明
r.status_code	HTTP 请求的返回状态，整数 200 表示连接成功，404 表示失败
r.text	HTTP 响应内容的字符串形式，即 URL 对应的页面内容
r.encoding	HTTP 响应内容的编码方式
r.content	HTTP 响应内容的二进制方式
r.raise_for_status()	HTTP 请求的返回状态如果不是 200，则产生异常

【例 9-12】用 get()函数向目标网站发起请求，并显示获取页面的 HTML 代码。

```
>>> import requests
>>> r=requests.get("http://www.cip.com.cn")
>>> r.status_code        #返回状态
200
>>> r.encoding           #默认的编码方式是 ISO-8859-1, 所以中文是乱码
'ISO-8859-1'
>>> r.encoding='utf-8'   #更改编码方式为 UTF-8
>>> r.text               #更改完成, 返回内容中的中文字符可以正常显示了
(输出略)
```

该过程完成的任务如下：

① 首先用 import 语句导入 requests 库。

② 利用 get()函数向 URL 为"http://www.cip.com.cn"的网页发送 request 请求，并将 response 结果返回给命名为 r 的对象。

③ 利用"r.status_code"命令查询 request 请求的响应状态，返回的状态码为 200，表示请求成功。

④ 利用"r.encoding"查询该网页的编码方式为"ISO-8859-1"，由于"ISO-8859-1"编码方式只能表示 ASCII 码和一些西文字符，不能表示中文，所以直接显示响应内容会产生乱码，因此更改编码方式为 UTF-8。

⑤ 利用"r.text"命令可以显示响应内容的字符串形式。

raise_for_status()方法只要返回的请求状态不是 200，这个方法会产生一个异常。使用异常处理语句 try-except 可以避免设置一堆复杂的 if 语句，只需要在收到响应时调用这个方法，就可以避开状态 200 以外的各种意外情况。requests 会产生几种常用异常，当遇到网络问题时，如 DNS（domain name system，域名系统）查询失败、拒绝连接等，requests 会抛出 ConnectionError 异常；遇到无效 HTTP 响应时，requests 则会抛出 HTTPError 异常；若请求 URL 超时，则抛出 Timeout 异常；若请求超过了设定的最大重定向次数，则会抛出一个 TooManyRedirects 异常。

【例 9-13】获取页面 HTML 代码的异常处理。

```python
import requests
def getHTMLText(url):
    try:
        r=requests.get(url,timeout=30)
        r.raise_for_status()        #如果状态不是 200，引发异常
        r.encoding='utf-8'          #无论原来用什么编码，都改成 UTF-8
        return r.text
    except:
        return ""
url="http://www.cip.com.cn"
print(getHTMLText(url))
```

9.6.2　scrapy 库

scrapy 库是 Python 开发的一个快速的、高层次的 Web 获取框架。不同于简单的网络爬虫功能，scrapy 框架本身包含了成熟网络爬虫系统所应该具有的部分共用功能，它是一个半成品，任何人都可以根据需求方便地利用框架已有功能经过简单扩展构建专业的网络爬虫系统。

scrapy 库用途广泛，可以应用于专业爬虫系统的构建、数据挖掘、网络监控和自动化测试等领域。在 Windows 的 cmd 命令行中使用 pip 命令安装 scrapy 库，scrapy 框架结构如图 9-18 所示。

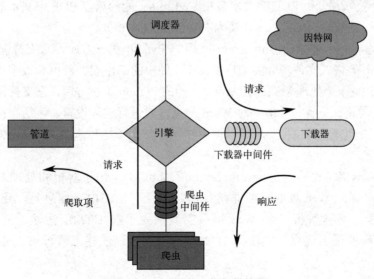

图 9-18　scrapy 框架结构图

① scrapy engine（引擎）：scrapy 库的核心部件，负责分配任务给其他模块，以及控制其他模块之间的通信、数据传递等。

② scheduler（调度器）：接收从引擎发过来的 requests（请求），并对请求进行调度管理。

③ downloader（下载器）：从引擎处接收已经由调度器调度后返回的 requests（请求），并将获取的 responses（响应）返回引擎。

④ spiders（爬虫）：提供初始网址，接收并处理由下载器返回引擎的 responses，并产生 items（爬取项）和额外的 requests（请求）。

⑤ item pipeline（管道）：负责处理爬虫产生的 items（爬取项），可以对爬取项中的 html 数据进行清理、检验和查重，并将数据存储到数据库。

⑥ downloader middlewares（下载器中间件）：对引擎、调度器和下载器之间进行用户可配置的控制。

⑦ spider middlewares（爬虫中间件）：对 requests 和 items 进一步处理。

利用这套框架可以实现对 Web 页面不间断的获取。由于 scrapy 框架质量很高，可以用于产品设计和开发。

9.7　更多第三方库

Python 语言有十多万个第三方库，除了本章已经提到的领域外，还覆盖其他领域，包括文本处理、用户图形界面、机器学习和游戏开发等等。

9.7.1　文本处理方向

Python 语言非常适合处理文本，因此，在这个方向也形成了大量有价值的第三方库，最常用的有 pdfminer、openpyxl、python-docx 和 beautifulsoup4。

pdfminer 是一个可以从 PDF 文档中提取各类信息的第三方库。与其他 PDF 相关的工具不同，它能够完全获取并分析 PDF 的文本数据。pdfminer 能够获取 PDF 中文本的准确位置、字体、行数等信息，能够将 PDF 文件转换为 HTML 及文本格式。

openpyxl 是一个处理 Microsoft Excel 文档的 Python 第三方库，它支持读写 xls、xlsx、xlsm、xltx、xltm 等格式文件，并能处理 Excel 文件中的工作表、表单和数据单元。

python-docx 是一个处理 Microsoft Word 文档的 Python 第三方库，它支持读取、查询以及修改 doc、docx 等格式文件，并能够对 Word 常见样式进行编程设置，包括字符样式、段落样式、表格样式、页面样式等，进一步可以使用这个库实现添加和修改文本、图像、样式和文档等功能。

beautifulsoup4 库，也称为 Beautiful Soup 库或 bs4 库，用于解析和处理 HTML 和 XML 文件。HTML 建立的 Web 页面一般非常复杂，除了有用的内容信息外，还包括大量用于页面格式的元素。直接解析一个 Web 网页需要深入了解 HTML 语法，而且比较复杂。beautifulsoup4 库的最大优点是能根据 HTML 和 XML 语法建立解析树，进而高效解析其中的内容。

9.7.2 用户图形界面方向

图形用户界面（graphical user interface，GUI）是用户和程序交互的媒介，向用户提供了图形化的人机交互方式，使人机交互更简单直接。Python 中常见的 GUI 第三方库有 wxPython 和 PyQt5。

GUI 开发采用面向对象程序设计的方式，面向对象程序设计是按照人们认识客观世界的思维方式，采用基于对象的概念建立问题模型，模拟客观世界，分析、设计和实现软件的方法。面向对象程序设计以对象为程序的主体，把程序和数据封装于其中，提高软件的重用性、灵活性或扩展性。

wxPython 是 Python 语言的一套优秀的 GUI 图形库，它是跨平台 GUI 库 wxWidgets 的 Python 封装，可以使 Python 程序员能够轻松地创建可靠、功能强大的图形用户界面的程序。

PyQt5 是 Qt5 应用框架的 Python 第三方库，它有超过 620 个类和近 6000 个函数和方法。它是 Python 中最为成熟的商业级 GUI 第三方库。这个库是 Python 语言当前最好的 GUI 第三方库，它可以在 Windows、Linux 和 Mac OS X 等操作系统上跨平台使用。

9.7.3 机器学习方向

机器学习是人工智能领域的一个重要分支，Python 语言也是机器学习和人工智能的重要基础语言。这里介绍 3 个高质量的机器学习框架：scikit-learn、TensorFlow 和 Theano。

scikit-learn 是一个简单且高效的数据挖掘和数据分析工具，它基于 numpy、scipy 和 matplotlib 构建。scikit-learn 项目最早由数据科学家 David Cournapeau 在 2007 年组织开发，它是 Python 语言中专门针对机器学习应用而发展起来的一款开源框架。scikit-learn 的基本功能主要包括 6 个部分：分类、回归、聚类、数据降维、模型选择和数据预处理。scikit-learn 也被称为 sklearn。

TensorFlow 是谷歌公司基于 DistBelief 研发的第二代人工智能学习系统，也是用来支撑著名的 AlphaGo 系统的后台框架，其命名来源于其自身的运行原理。tensor（张量）指 N 维数组，flow（流）指基于数据流图的计算，TensorFlow 描述张量从流图的一端流动到另一端的计算过程。TensorFlow 的应用十分广泛，包括语音识别或图像识别及机器翻译或自主跟踪等，既可以运行在数万台服务器的数据中心，也可以运行在智能手机或其他嵌入式设备中。

Theano 为执行深度学习中大规模神经网络算法的运算而设计，擅长处理多维数组。Theano 开发始于 2007 年，可以理解为它是一个运算数学表达式的编译器，并可以高效运行在 GPU（图形处理单元）或 CPU（中央处理器）上。Theano 是一个偏向底层开发的库，更像一个研究平台而非单纯的深度学习库。

9.7.4 游戏开发方向

游戏开发是一个有趣的方向，在游戏逻辑和功能实现层面，Python 已经成为重要的支撑性语言。这里介绍 3 个 Python 第三方库：Pygame、Panda3D 和 cocos2d。

Pygame 是在 SDL（simple directmedia layer，简易直控媒体层）库基础上进行封装的、面向游戏开发入门的 Python 第三方库，除了制作游戏外，还用于制作多媒体应用程序。其中，SDL 是开源、跨平台的多媒体开发库，通过 OpenGL 和 Direct3D 底层函数提供对音频、键盘、鼠标和图形硬件的简捷访问。Pygame 是一个游戏开发框架，提供了大量与游戏相关的底层逻辑和功能支持，非常适合作为入门库理解并实践游戏开发。

Panda3D 是一个开源、跨平台的 3D（三维）渲染和游戏开发库，简单说，它是一个 3D 游戏引擎，由迪士尼和卡内基·梅隆大学娱乐技术中心共同开发。Panda3D 支持 Python 和 C++ 两种语言，但对 Python 的支持更全面。

cocos2d 是一个构建 2D 游戏和图形界面交互式应用的框架，它包括 C++、JavaScript、Swift、Python 等多个版本。cocos2d 基于 OpenGL 进行图形渲染，能够利用 GPU 进行加速。cocos2d 引擎采用树形结构来管理游戏对象，一个游戏划分为不同场景，一个场景又分为不同层，每个层处理并响应用户事件。

除了上述所提到的领域外，还有 PIL、NLTK、WeRoBot、Django、Pyramid 和 MyQR 等第三方库，这些有趣且有用的 Python 第三方库，展示了 Python 在工程实践方面强大的魅力。

习题

一、选择题

二、填空题

1. 安装第三方库的常用方法有三种：＿＿＿＿＿、＿＿＿＿＿和＿＿＿＿＿。

2. 在 numpy 库中，代表 ndarray 数组元素总数的属性是＿＿＿＿＿。

3. 在 numpy 库中，代表 ndarray 数组元素维数的属性是＿＿＿＿＿。

4. 在 numpy 库中，代表 ndarray 数组元素各维大小的属性是＿＿＿＿＿。

三、程序填空题

1. 请补全代码：用 jieba 库实现对字符串 s 可能的所有分词结果列表。

```
_____(1)_____
s="两个学校的学生来到人民公园"
ls=jieba.lcut(s,_____(2)_____)
print(ls)
```

2. 请补全代码：从键盘输入一段文本，保存在一个字符串变量 s 中，分别用 Python 内置函数及 jieba 库中已有函数计算字符串 s 的中文字符个数及中文词语个数。注意：中文字符包含中文标点符号。

```
import jieba
s=input("请输入一个字符串")
n=_____(1)_____
m=_____(2)_____
print("中文字符数为{}，中文词语数为{}。".format(n,m))
```

3. 请补全代码：键盘输入一句话，用 jieba 分词后，将切分的词组按照在原话中逆序输出到屏幕上，词组中间没有空格。示例如下：

输入：我爱妈妈

输出：妈妈爱我

```
import jieba
txt = input("请输入一段中文文本：")
_____(1)_____
for i in ls[::-1]:
    _____(2)_____
```

习题答案

第 1 章

一、选择题

1	2	3	4	5	6	7	8	9	10
C	D	C	C	A	B	C	B	B	A
11	12	13							
A	C	B							

二、填空题

1. .py
2. 交互；文件
3. 静态；解释
4. 脚本
5. IDLE

第 2 章

一、选择题

1	2	3	4	5	6	7	8	9	10
A	C	A	D	A	C	A	A	B	B
11	12	13	14	15					
A	C	A	C	B					

二、填空题

1. None
2. 是
3. in
4. type()
5. 9
6. 5
7. 1,2,3
8. 1 2 3

9. 21

10. 8

三、编程题

1.
```
r=eval(input('请输入圆的半径: '))
area=3.14*r*r
s=2*3.14*r
print("圆的面积=",area,"圆的周长=",s)
```

2.
```
x=eval(input('请输入 x: '))
y=2*x*x+8*x+5
print('x=',x,',y=',y,sep='')
```

第 3 章

一、选择题

1	2	3	4	5	6	7	8	9	10
B	B	D	A	B	A	A	A	C	B
11	12	13	14	15					
C	A	A	C	B					

二、填空题

1. 'F'

2. 123

3. 1:2:3

4. max()

5. min()

6. 'A'

7. False

8. 'B'

9. True

10. 'The first:97, the second is 65'

11. 0

12. −1

13. 3

14. 1

15. 'HELLO WORLD'

16. 'hello world'

17. True

18. 'ab'

19. 'r'

20. 'rld!'

21. r；R

22. 'yybcyyb'

23. 'hello world'

24. 'c'

25. True

三、程序填空题

1. :->20

2. :=^20

四、编程题

1.

```
str = input()
print(str[-1])
```

2.

```
s=input()
print(s[::-1])
```

3.

```
s = "hello, WangBing, how Are You? hello,Suhai, I'm Fine."
s =s.replace('h','H')
print(s)
```

第4章

一、选择题

1	2	3	4	5	6	7	8	9	10
D	B	A	B	D	A	A	C	C	C
11	12	13	14	15					
D	B	A	A	B					

二、填空题

1.缩进

2.单分支、二分支、多分支

3. 'B'

4. if-elif

5. break

6. 3

7. 27

8. 0

9. 2 3

10.

```
9
18
27
36
45
```

三、程序填空题

1. （1）eval(N);int(N)　（2）i%2==1;i%2!=0
2. （1）a<=100　　　（2）b,a+b

四、编程题

1.

```
#输入一个数，如果该数能被 3 和 5 整除，则输出"该数能同时被 3 和 5 整除"。
x=eval(input("输入一个数:"))
if  x%3 == 0  and  x%5 == 0:
    print("该数能同时被 3 和 5 整除")
```

2.

```
#输入三个数，找出其中最小数
x,y,z=eval(input("依次输入 x,y,z 的值:"))
min=x
if z<y:
    if z<x:
        min=z
else:
    if y<x:
        min=y
print("The min is",min)
```

3.

```
#输入成绩判断等级
score = eval(input("请输入成绩:"))
if  90<=score<=100:
    print("成绩优秀! ")
elif  score>=80:
    print("成绩良好! ")
elif  score>=60:
    print("成绩及格! ")
elif  score>0:
    print("成绩堪忧! ")
else:
    print("成绩有误! ")
```

4.

```
# 计算 1~100 所有奇数的和
s=0
for i in range(1,100,2):
    s += i
print(s)
```

5.

```
# 计算 n! , n 的值由键盘输入
n=eval(input("请输入 n 的值:"))
s = 1
for i in range(1,n+1):
    s=s*i
print(n,"的阶乘值是:",s)
```

6.

```
#利用循环输出图形
for i in range(3):
    for j in range(3-i):
        print(",end=")
    for k in range(2*i+1):
        print('*',end=")
    print(")
for i in range(4):
    for j in range(i):
        print(",end=")
    for k in range(7-2*i):
        print('*',end=")
    print(")
```

第 5 章

一、选择题

1	2	3	4	5	6	7	8	9	10
D	D	B	C	C	C	D	B	D	C
11	12	13	14	15	16	17	18	19	20
D	B	D	A	D	C	D	D	B	B
21	22	23	24	25					
C	C	C	D	C					

二、填空题

1. 基本随机；扩展随机

2. seed()

3. choice()

4. shuffle()

5. 2.0

三、程序填空题

1. (1) 3　　(2) turtle.seth(i*120)或 turtle.left(120)或 turtle.seth(120*i)　　　　(3) 300

2. (1) 4　　(2) turtle.seth(i*90)或 turtle.left(90)或 turtle.seth(90*i)　　　　　(3) 150

3. (1) 9　　　　　　　　(2) t.fd(200)　　　　(3) 45

4. (1) 1,5 或 4　　　　　(2) 90　　　　　　(3) −45 或 315　　　　(4) 100

5. (1) 1,5 或 4　　　　　(2) 90*(i+1)　　　　(3) −90+i*90

6. (1) random.seed(456)　　(2) 20　　　　　　(3) random.randint(1,999)

四、编程题

1.

```
import turtle as t
t.setup(600,600)          #设置显示窗口的大小
t.pensize(3)              #设置画笔的宽度
for i in range(3):        #绘制外层三角形
    t.fd(200)
    t.left(120)
t.penup()
t.goto(50,50*3**0.5)      #移动画笔的位置
t.pendown()
for i in range(3):        #绘制内层三角形
    t.fd(100)
    t.right(120)
```

2.

```
import turtle as t
t.pensize(5)
t.color("red","red")
t.begin_fill()
t.right(-30)
for i in range(2):
    t.fd(200)
    t.right((i+1)*60)
for i in range(2):
    t.fd(200)
    t.right((i+1)*60)
t.end_fill()
```

3.

```
from turtle import *
setup(1000,1000)          #设置显示窗口的大小
```

```
pensize(5)
color("green","green")
begin_fill()
circle(200)
end_fill()
color("yellow","yellow")
begin_fill()
circle(150)
end_fill()
color("purple","purple")
begin_fill()
circle(100)
end_fill()
```

第 6 章

一、选择题

1	2	3	4	5	6	7	8	9	10
D	A	B	C	B	C	D	B	C	B
11	12	13	14	15	16	17	18	19	20
A	D	C	C	D	A	A	C	D	C
21	22	23	24	25	26	27	28	29	30
A	C	A	A	B	C	C	D	B	D
31	32	33	34	35	36				
A	C	C	C	B	D				

二、填空题

1. 8
2. 10
3. 5
4. 8

三、程序填空题

1. (1) r=x%y   (2) gcd(a,b)或 gcdab
2. (1) sum=0 或 sum=0.0   (2) n%2==1 或 n%2!=0   (3)'{:.2f}'.format(f(n));

四、编程题

1.
```
def fun(n):
    s=1
```

```
        for i in range(1,n+1):
            s=s*i
        return s
sum=0
for i in range(1,11):
    sum=sum+fun(i)
print(sum)
```

2.
```
def fun(n):
    s=0
    for i in range(1,n+1):
        s=s+i
    return s
sum=0
for i in range(1,21):
    sum=sum+fun(i)
print(sum)
```

3.
```
def fun(n):
    for i in range(2,n):
        if n%i==0:
            return 0
    return 1
s=0
for i in range(2,101):
    if fun(i)==1:
        s=s+i
print(s)
```

第 7 章

一、选择题

1	2	3	4	5	6	7	8	9	10
B	C	B	B	A	D	D	B	A	D
11	12	13	14	15	16	17	18	19	20
B	B	D	B	C	D	D	B	A	D
21	22	23	24	25	26	27	28	29	30
A	A	D	D	A	D	C	A	D	C

二、填空题

1. −1

2. [6, 7, 9, 11]

3. b=a[::2]或 b=a[0:−1:2]

4. [10,7,4]

5. False；True

6. [(0, 1), (1, 2)]

7. 25

8. remove ()

9. [(1, 3), (2, 4)]

10. [2]

11.

（1）[1, 3, 2, 3]

（2）[1, 4, 2, 3, 2, 3]

（3）[1, 2, 3, 2, 4, 5, 6]

（4）0

（5）[1, 2, 3, 2, 3, 3]；[1, 2, 3, 2, 3]

（6）[1, 2, 3, 2, 3, [3]]

（7）[1, 2, 3, 2, 3, 3]

（8）[3, 2, 3, 2, 1]

（9）[1, 2, 3, 2]

（10）[2, 3, 2, 3]

12. [1, 3, 5, 7, 9]

13. 3

14. [7, 5, 3]

15. True

16. '3'

17. 'defgabc'

18. (1, 2)；3

19. (1, 2, 3, 4, 5)

20. (3,)；(3, 3, 3)

21. 3

22. 5；1；5；15

23. items()；keys()；values ()

24. {1: 3, 2: 4}

25. 逗号；冒号

26. 4

27. 2

28.

（1）6

（2）9

29. {1, 2, 3}

30. {1, 2, 3, 6, 7}

31. {1, 2, 3, 4, 5}

32. {2, 3}

33. {1, 2}

三、程序填空题

1.（1）s=0　　　　（2）3

2.（1）type(item)　　（2）item

3.（1）append　　　（2）remove

四、编程题

1.

```
def is_prime(n):
    if n<2:
        return False
    for i in range(2,n):
        if n%i==0:
            return False
    return True
s=[52,14,87,27,9,11,10,24,19,22]
t=[]
for j in s:
    if not is_prime(j):
        t.append(j)
print("非素数列表: ",t)
print("非素数的个数: ",len(t))
```

2.

```
d={"数学":201, "语文":102, "英语":103, "化学":104, "物理":106}
d["历史"]=105
d["数学"]=101
del d["物理"]
for k,v in d.items():
    print("{}:{}".format(v,k))
```

第 8 章

一、选择题

1	2	3	4	5	6	7	8	9	10
A	A	C	C	C	B	A	B	A	D

二、填空题

1. flush()

2. with

3.可以

4. tell()

5. seek()

第 9 章

一、选择题

1	2	3	4	5	6	7	8	9	10
A	D	C	C	B	B	A	A	C	D

二、填空题

1. pip 工具安装；自定义安装；文件安装

2. size

3. ndim

4. shape

三、程序填空题

1.（1）import jieba   （2）cut_all=True

2.（1）len(s)   （2）len(jieba.lcut(s))

3.（1）ls=jieba.lcut(txt)   （2）print(i,end='')

参考文献

[1] 嵩天，礼欣，黄天羽. Python 语言程序设计基础[M]. 2 版. 北京：高等教育出版社，2017.

[2] 李丽. Python 程序设计简明教程[M]. 北京：清华大学出版社，2020.

[3] 杨年华，柳青，郑戟明. Python 程序设计教程[M]. 2 版. 北京：清华大学出版社，2019.

[4] 教育部考试中心. 全国计算机等级考试二级教程——Python 语言程序设计（2021 年版）[M]. 北京：高等教育出版社，2020.

[5] 黄天羽，李芬芬. 高教版 Python 语言程序设计冲刺试卷[M]. 3 版. 北京：高等教育出版社，2020.

[6] 千锋教育高教产品研发部. Python 快乐编程基础入门[M]. 北京：清华大学出版社，2019.

[7] 夏敏捷，宋宝卫. Python 基础入门[M]. 北京：清华大学出版社，2020.

[8] 董付国. Python 程序设计[M]. 3 版. 北京：清华大学出版社，2020.

[9] 王国辉，李磊，冯春龙. Python 从入门到项目实践[M]. 长春：吉林大学出版社，2018.

[10] 翟萍. Python 程序设计[M]. 北京：清华大学出版社，2020.

[11] 赵璐，孙冰，蔡源，等. Python 语言程序设计教程[M]. 上海：上海交通大学出版社，2019.

[12] 刘鹏，张燕. Python 语言[M]. 北京：清华大学出版社，2019.

[13] 江红，余青松. Python 程序设计与算法基础教程：微课版[M]. 2 版. 北京：清华大学出版社，2019.

[14] 储岳中，薛希玲. Python 程序设计实践教程[M]. 北京：人民邮电出版社，2020.

[15] 夏辉，杨伟吉. Python 程序设计[M]. 北京：机械工业出版社，2019.

[16] 储岳中，薛希玲，陶陶. Python 程序设计教程[M]. 北京：人民邮电出版社，2020.